全国高等农业院校试用教材

配合饲料学
实验技能教程

主　编◎王润莲
副主编◎程建波　李焕友

华南理工大学出版社
SOUTH CHINA UNIVERSITY OF TECHNOLOGY PRESS
·广州·

图书在版编目（CIP）数据

配合饲料学实验技能教程/王润莲主编．—广州：华南理工大学出版社，2020. 11
ISBN 978 – 7 – 5623 – 6508 – 2

Ⅰ. ①配…　Ⅱ. ①王…　Ⅲ. ①配合饲料 – 实验 – 高等学校 – 教材　Ⅳ. ①S816. 8 – 33

中国版本图书馆 CIP 数据核字（2020）第 207888 号

Peihe Siliaoxue Shiyan Jineng Jiaocheng
配合饲料学实验技能教程
王润莲　主编

出 版 人： 卢家明
出版发行： 华南理工大学出版社
（广州五山华南理工大学 17 号楼，邮编 510640）
http：//www. scutpress. com. cn　E-mail：scutc13@ scut. edu. cn
营销部电话：020 – 87113487　87111048（传真）
策划编辑： 吴兆强
责任编辑： 吴兆强
责任校对： 袁桂香
印 刷 者： 广东虎彩云印刷有限公司
开　　本： 787mm × 1092mm　1/16　**印张：** 9. 75　**字数：** 244 千
版　　次： 2020 年 11 月第 1 版　2020 年 11 月第 1 次印刷
定　　价： 30. 00 元

编委会

主　编　王润莲（广东海洋大学）

副主编　程建波（安徽农业大学）

李焕友（佛山科学技术学院）

参　编　黄冠庆（广东海洋大学）

贾汝敏（广东海洋大学）

张　锐（广东海洋大学）

卓　钊（安徽农业大学）

尹福泉（广东海洋大学）

欧阳克蕙（江西农业大学）

生　冉（广东海洋大学）

陈静文（广东海洋大学）

刘国清（广东海洋大学）

前言 QIANYAN

我国饲料科学发展迅速，配合饲料生产已成为一个独立的饲料工业体系。饲料科学教育教学作为饲料工业体系的一个重要部分，必须适应产业发展和变化，不断吸收新知识和新经验，使学生能在有限学时安排下，掌握配合饲料生产的基本知识和实用技能，并了解行业发展动态和前景，这是本教材编写的初衷。同时，饲料科学教育教学也提出了这样的需要。“配合饲料生产学”是动物科学本科专业营养和饲料科学教育的一门专业核心课，培养学生理解和掌握配合饲料配制、产品质量评定及将其合理应用于动物生产的全过程的知识和技能，其实践教学环节设置“配合饲料生产学实验”和“配合饲料生产实习”两大部分，是培养学生实践能力、创新能力的重要渠道。部分院校实现实验课程内容的整合和体系创新，建立理论教学与实验实习教学分离的教学体系，优化教学内容，使实践能力的培养在机制上更加灵活，进一步提升实践教学效果。因此，编写一本体现我国饲料工业最新发展和产业现状，并契合相关课程建设和实践教学体系需要的实践教材是非常必要的。

本实践教学教材体现连环递进式实践教学模式：从设计性实验→基本综合性实验→实习方案→实习技能训练→课程论文，主要内容围绕课程教学的两个重点——配方设计和饲料质量评定，内容实例以单胃动物为主，同时结合饲料工业发展现状，实现实验部分和实习课程关联及整体化。本书包括配合饲料配方设计、配合饲料质量检测、配合饲料质量评定、饲料企业参观与实习、配合饲料质量标准与饲料法规共5章；有27个实验项目，包括9项饲料产品设计型实验项目、15项饲料原料和产品质量检测性实验、3个用于评定配合饲料质量的饲养试验；专题介绍饲料标准和法规，并附必要的参考标准和数据表。

本书的编写，力求遵循理论与实践相结合、为饲料生产服务的原则。

学生通过对本书的学习，可以巩固“配合饲料生产学”课程所学的基本理论和基本知识，进一步熟悉和掌握动物饲料产品设计及质量评定实验的基本技能，为从事饲料科研和生产练就扎实的基本功。本书可作为动物营养与饲料科学教材，其中的实验项目和试验训练环节各院校可按各自教学时数、教学目标、教学条件等酌情选修。本书也可作为相关专业科研与生产工作者的参考书，其中的饲料标准和法规为国家颁布的最新成果材料，饲养试验设计和论文写作可供畜牧兽医科研人员、检测机构和饲料企业技术人员参考和应用。

本书编委会由来自广东海洋大学、安徽农业大学、佛山科学技术学院、江西农业大学的理论和实验教学经验丰富、具有高级职称和博士学历的人员组成。在编写过程中承蒙中国农业大学张徽教授审稿，在此表示诚挚的谢意。编写人员以认真负责的态度对编写内容进行了反复阅读、仔细检查，但书中的错误和不当之处在所难免，欢迎读者指正。

编者

2020 年 8 月

目录 · CONTENTS

第一章　配合饲料配方设计

第一节　全价饲料配方设计

实验一　采用试差法进行全价饲料配方设计

（一）实验目的

掌握试差法设计全价饲料配方的方法和步骤。

（二）计算方法

首先根据经验初步拟定一个配方，然后计算出配方中各种营养成分的含量，再与饲养标准对照，按多去少补的原则，将配方中的原料进行调整和重新计算，直到所得营养指标都基本符合要求为止。

（三）实验材料

Office 办公软件中的 Excel 2003 以上版本电子表格，饲料营养需要指标或饲养标准。

（四）实验步骤

第一步：确定配方的营养标准。

第二步：选择饲料原料，并确定其营养成分。

第三步：初拟各原料的大致比例。

第四步：各原料的比例 × 相应各养分含量，乘积之和相加，得出配方的计算营养水平。

第五步：对照配方营养标准，调整原料比例，重新按第四步计算，计算出的营养水平再与标准比较，若存在偏差再调整计算，直至其逼近标准。

第六步：列出配方。

（五）计算实例

设计 0 ～3 周龄肉用仔鸡全价日粮配方

第一步：查阅家禽饲养标准，确定配方的营养标准。

以饲养标准作为基本依据，但可根据动物品种、性别、实际生产用途、饲养方式、环境条件及产品等要求作出适当调整，调整幅度一般为 10% 左右。具体见表 1 - 1。

表 1－1　0～3 周龄肉用仔鸡营养需要量

代谢能/(MJ · kg^{-1})	$w_{粗蛋白}$/%	w_{Ca}/%	w_{P}/%	w_{Na}/%	w_{Cl}/%	w_{Lys}/% ①	w_{Met}/% ②
12. 12	21. 00	1. 00	0. 45	0. 20	0. 28	1. 09	0. 45

① Lys 为赖氨酸；② Met 为蛋氨酸。

第二步：选择饲料原料，并确定其营养成分。

日粮选择注意要点：

① 尽量选用营养价值高、价格低廉、当地生产的饲料；发霉、变质或受污染的饲料不能选用。

② 注意饲料的适口性，对适口性差的饲料（如菜籽饼等），应在日粮中控制其用量。

③ 根据动物的消化生理特点来合理选择饲料。

④ 要考虑日粮的容积与畜禽采食量的关系。日粮容积过大或过小都对畜禽采食不利。饲料要能使动物吃得下，又能吃得饱，而且能满足营养需要。

⑤ 饲料原料的种类要多样化。做到各种饲料合理搭配，养分相互补充，充分提高饲料的营养价值。

⑥ 饲料成本和来源供应。

选择饲料原料，并将其营养成分表的所有数据填入 Excel 表中。具体见图 1－1。

	A	B	C	D	E	F	G	H	I	J
1	原料	配比/%	代谢能/(MJ · kg^{-1})	$w_{粗蛋白}$/%	w_{Ca}/%	w_{P}/%	w_{Na}/%	w_{Cl}/%	w_{Lys}/%	w_{Met}/%
2	标准		12.12	21	1	0.45	0.2	0.28	1.09	0.45
3	玉米（2级）		13.47	8	0.02	0.12	0.02	0.04	0.24	0.16
4	麦麸（1级）		6.82	15.7	0.11	0.24	0.07	0.07	0.58	0.13
5	豆粕（2级）		9.62	43	0.32	0.31	0.03	0.05	2.45	0.64
6	玉米蛋白粉(CP50%)		14.26	51.3	0.06	0.42	0.02	0	0.92	1.14
7	鱼粉(CP60%)		11.8	60.2	4.04	2.9	0.97	0.61	4.72	1.64
8	大豆油		35.02	0	0	0	0	0	0	0
9	磷酸氢钙		0	0	23	18	0	0	0	0
10	贝壳粉		0	0	36	0	0	0	0	0
11	食盐		0	0	0	0	39.5	59	0	0
12	L-赖氨酸盐酸盐（98%）		0	98	0	0	0	0	98	0
13	DL-蛋氨酸（98%）		0	98	0	0	0	0	0	98
14	预混料（2%）		0	0	0	0	0	0	0	0

图 1－1　饲料营养成分表

第三步：初拟各原料的大致比例。

根据家禽配方常用饲料使用量的大致范围确定各原料初试比例。具体见表 1－2。

表 1－2　家禽日粮配方常用饲料原料参考用量（质量分数）　单位：%

谷物饲料	糠麸类	饼粕类	草叶粉类	动物性蛋白质饲料	矿物质饲料	食盐	添加剂预混料
50～60	3～10	20～30	1～5	1～5	1～5	0. 3	1～5

第四步：各原料比例 × 相应各养分含量，乘积之和相加，得出配方计算的营养水平，在 C15 输入公式：（ $B3 × C3 + $B4 × C4 + $B5 × C5 + $B6 × C6 + $B7 × C7 + $B8 × C8 + $B9 × C9 + $B10 × C10 + $B11 × C11 + $B12 × C12 + $B13 × C13 + $B14 × C14)/100，

得出能量值，其后 D15，E15，F15 等以此类推。具体见图 1－2。

	A	B	C	D	E	F	G	H	I	J
1	原料	配比/%	代谢能/(MJ·kg^{-1})	$w_{粗蛋白}$/%	w_{Ca}/%	w_{P}/%	w_{Na}/%	w_{Cl}/%	w_{Lys}/%	w_{Met}/%
2	标准		12.12	21	1	0.45	0.2	0.28	1.09	0.45
3	玉米（2级）	58	13.47	8	0.02	0.12	0.02	0.04	0.24	0.16
4	麦麸（1级）	3	6.82	15.7	0.11	0.24	0.07	0.07	0.58	0.13
5	豆粕（2级）	25	9.62	43	0.32	0.31	0.03	0.05	2.45	0.64
6	玉米蛋白粉(CP50%)	5	14.26	51.3	0.06	0.42	0.02	0	0.92	1.14
7	鱼粉(CP60%)	2	11.8	60.2	4.04	2.9	0.97	0.61	4.72	1.64
8	大豆油	2	35.02	0	0	0	0	0	0	0
9	磷酸氢钙	1	0	0	23	18	0	0	0	0
10	贝壳粉	1.6	0	0	36	0	0	0	0	0
11	食盐	0.3	0	0	0	0	39.5	59	0	0
12	L-赖氨酸盐酸盐（98%）	0.02	0	98	0	0	0	0	98	0
13	DL-蛋氨酸（98%）	0.08	0	98	0	0	0	0	0	98
14	预混料（2%）	2	0	0	0	0	0	0	0	0
15	计算值	100	12.07	19.73	0.98	0.41	0.16	0.23	0.93	0.42
16	相对差值		-0.40	-6.06	-1.53	-8.16	-19.95	-18.93	-14.76	-5.58

图 1－2 首次计算配方营养水平表

第五步：计算的营养水平和配方营养标准对照，得出相对差值。在 C16 输入公式：(C15－C2)/C2×100，其后 D16、E16、F16 等以此类推。根据差值调整原料比例，重新按第四步计算，计算出营养水平再和标准比较，若存在差异再调整计算，直至逼近标准。

配方调整注意要点：

① 初拟配方时，将预混料的用量确定。

② 通过观察对比各原料的营养成分，确定用来相互替代的原料。

③ 先以能量和蛋白质为目标进行配方调整，然后考虑矿物质。

④ 矿物质不足时，先以含 P 高的原料满足 P 的需要，再计算 Ca 的含量，不足的 Ca 以低 P 高 Ca 的原料补足。

⑤ 氨基酸（AA）不足时，以合成氨基酸补充，如果氨基酸超出不是太多，可以不做进一步调整。

⑥ 配方营养浓度应稍高于饲养标准，配方设计者可以确定一个最高超出范围，如 1% ～2% 。

调整后的计算表具体见图 1－3。

	A	B	C	D	E	F	G	H	I	J
1	原料	配比/%	代谢能/(MJ·kg^{-1})	$w_{粗蛋白}$/%	w_{Ca}/%	w_{P}/%	w_{Na}/%	w_{Cl}/%	w_{Lys}/%	w_{Met}/%
2	标准		12.12	21	1	0.45	0.2	0.28	1.09	0.45
3	玉米（2级）	54	13.47	8	0.02	0.12	0.02	0.04	0.24	0.16
4	麦麸（1级）	2.1	6.82	15.7	0.11	0.24	0.07	0.07	0.58	0.13
5	豆粕（2级）	28.5	9.62	43	0.32	0.31	0.03	0.05	2.45	0.64
6	玉米蛋白粉(CP50%)	4.3	14.26	51.3	0.06	0.42	0.02	0	0.92	1.14
7	鱼粉(CP60%)	3	11.8	60.2	4.04	2.9	0.97	0.61	4.72	1.64
8	大豆油	3	35.02	0	0	0	0	0	0	0
9	磷酸氢钙	1.05	0	0	23	18	0	0	0	0
10	贝壳粉	1.5	0	0	36	0	0	0	0	0
11	食盐	0.385	0	0	0	0	39.5	59	0	0
12	L-赖氨酸盐酸盐（98%）	0.075	0	98	0	0	0	0	98	0
13	DL-蛋氨酸（98%）	0.09	0	98	0	0	0	0	0	98
14	预混料（2%）	2	0	0	0	0	0	0	0	0
15	计算值	100	12.18	21.08	1.01	0.45	0.20	0.28	1.09	0.46
16	相对差值		0.47	0.37	0.96	0.50	1.43	0.99	0.43	1.77

图 1－3 调整后计算配方营养水平

第六步：列出配方，具体见表 1-3。

表 1-3 0～3 周龄肉用仔鸡全价日粮配方

饲料原料	玉米	麦麸	豆粕	玉米蛋白粉	鱼粉	大豆油	磷酸氢钙	贝壳粉	食盐	98% L-赖氨酸盐酸盐	98% DL-蛋氨酸	2% 预混料
质量分数/%	54	2.1	28.5	4.3	3	3	1.05	1.5	0.385	0.075	0.09	2

实验二 采用规划法进行全价饲料配方设计

（一）实验目的

掌握使用 Office 办公软件中的 Excel 表进行多种原料、多营养指标的配方设计，使配方设计更加简捷、方便，配方结果更加优化、经济。

（二）计算方法

Office 办公软件中的 Excel “工具” 菜单 “加载宏” 选项中有 “规划求解” 一项，可以完成各种线性规划任务。用 Excel 线性规划对饲料配方任务求解时，仅需要在 Excel 界面下，通过鼠标或键盘的操作，即可得出饲料配方最低成本的最优解。它可用于中小型饲料厂、规模养殖场进行饲料配方计算。

（三）实验材料

Office 办公软件中的 Excel 2003 以上版本电子表格、营养需要指标或饲养标准。

（四）实验步骤

第一步：确定在配方中将要使用的饲料原料数。

第二步：确定饲料原料的营养价值和所设计的饲料营养需要标准，确定原料价格，设定原料限定值，将所有数据填入 Excel 表格中，并在相应栏中输入计算公式，形成 Excel 规划求解原始工作表。

第三步：规划求解。

第四步：结果审定。

（五）计算实例

设计 0～3 周龄肉用仔鸡全价日粮配方

第一步：确定饲料原料及其营养成分值。选择玉米（2 级）、豆粕（2 级）、麦麸（1 级）、玉米蛋白粉（CP50%）、鱼粉（1 级）、大豆油、磷酸氢钙、贝壳粉、食盐、98% L-赖氨酸盐酸盐、98% DL-蛋氨酸、2% 预混料为配方原料。参照家禽饲养标准中的饲料成分表及其原料分析测定值确定饲料原料的营养成分值，具体见表 1-4。

表 1－4　肉鸡饲料原料主要营养成分值

原料	代谢能 /(MJ·kg^{-1})	粗蛋白质 /%	$w_{总钙}$ /%	w_{AP} /%	w_{Na} /%	w_{Cl} /%	w_{Lys} /%	w_{Met} /%	$w_{Met+Cys}$ /%
玉米(2 级)	13.47	8.00	0.02	0.12	0.02	0.04	0.24	0.16	0.30
豆粕（2 级）	9.62	43.00	0.32	0.31	0.03	0.05	2.45	0.64	1.30
麦麸（1 级）	6.82	15.70	0.11	0.24	0.07	0.07	0.58	0.13	0.39
玉米蛋白粉（CP50%）	14.26	51.30	0.06	0.42	0.02	0.00	0.92	1.14	1.90
鱼粉（1 级）	11.80	60.20	4.04	2.90	0.97	0.61	4.72	1.64	2.16
大豆油	35.02	0.00	0.00	0.00	0.00	0.00	0.00	0.00	0.00
磷酸氢钙	0	0.00	23.00	18.00	0.00	0.00	0.00	0.00	0.00
贝壳粉	0	0.00	36.00	0.00	0.00	0.00	0.00	0.00	0.00
食盐	0	0.00	0.00	0.00	39.50	59.00	0.00	0.00	0.00
98% L－赖氨酸盐酸盐	0	98.00	0.00	0.00	0.00	0.00	98.00	0.00	0.00
98% DL－蛋氨酸	0	98.00	0.00	0.00	0.00	0.00	0.00	98.00	100.00
2% 预混料	0	0.00	0.00	0.00	0.00	0.00	0.00	0.00	0.00

注：AP 为有效磷；Cys 为胱氨酸。

第二步：在原料成分数据基础上，参考家禽饲养标准，确定 0 ～3 周龄肉用仔鸡营养需要标准，并确定同期各种饲料原料的市场价格；同时对饲料原料的用量做出相应的限定。确定好各饲料原料价格、最大和最小用量以及营养标准后，将所有数据一起填入 Excel 表中，并在相应栏中输入计算公式，形成 Excel 规划求解原始工作表，如图 1－4 所示。

	A	B	C	D	E	F	G	H	I	J	K	L	M	N
1	原料	单价/（元·kg^{-1}）	量小用量/%	最大用量/%	配方结果	代谢能/(MJ·kg^{-1})	$w_{粗蛋白}$ / %	w_{Ca} / %	w_{p} / %	w_{Na} / %	w_{Cl} / %	w_{Lys} / %	w_{Met} / %	$w_{Met+Cys}$ / %
2	玉米（2级）	2.4	0	70	0	13.47	8	0.02	0.12	0.02	0.04	0.24	0.16	0.3
3	豆粕（2级）	4.2	0	30	0	9.62	43	0.32	0.31	0.03	0.05	2.45	0.64	1.3
4	麦麸（1级）	2.8	0	5	0	6.82	15.7	0.11	0.24	0.07	0.07	0.58	0.13	0.39
5	玉米蛋白粉(CP50%)	5.9	0	10	0	14.26	51.3	0.06	0.42	0.02	0	0.92	1.14	1.9
6	鱼粉(1级)	9.8	0	5	0	11.8	60.2	4.04	2.9	0.97	0.61	4.72	1.64	2.16
7	大豆油	7.5	0	3	0	35.02	0	0	0	0	0	0	0	0
8	磷酸氢钙	2.1	0	3	0	0	0	23	18	0	0	0	0	0
9	贝壳粉	1.5	0	3	0	0	0	36	0	0	0	0	0	0
10	食盐	1.2	0	1	0	0	0	0	0	39.5	59	0	0	0
11	98%L-赖氨酸盐酸盐	10.5	0	1	0	0	98	0	0	0	0	98	0	0
12	98%DL-蛋氨酸	26	0	1	0	0	98	0	0	0	0	0	98	100
13	预混料	6	2	2	0	0	0	0	0	0	0	0	0	0
14	饲料					代谢能ME (MJ/kg)	粗蛋白(%)	Ca(%)	P(%)	Na(%)	Cl(%)	Lys(%)	Met(%)	Met+Cys (%)
15	营养标准	成本（元·kg^{-1}）	配方总和		0	12.12	21	1	0.45	0.2	0.28	1.09	0.45	0.91
16	成本及营养值	0			0	0	0	0	0	0	0	0	0	0
17	计算值与标准差					-12.12	-21	-1	-0.45	-0.2	-0.28	-1.09	-0.45	-0.91

图 1－4　肉鸡饲料配方规划求解原始工作图

输入公式：

① F17 至 N17 为营养成分计算值与所定标准的差值，F17 = F16 - F15，其后 G17、H17、I17 等以此类推。

② E2 至 E13 为配方规划结果值；E15 为总和，公式 = SUM（E2: E13）。

③ B16 为最小成本值，公式 = SUMPRODUCT（$E2: $E13，B2: B13）/100。

④ F16 为配方中营养成分代谢能的总量，公式 = [SUMPRODUCT（$E2: $E13，F2: F13）]/100，其后 G16、H16、I16 等以此类推。

第三步：规划求解。

（1）选择“工具”菜单“规划求解”选项。Excel 2013 版本选中“数据”中的“规划求解”选项，进入“规划求解参数”对话框。当输入参数完毕后，对话框变为如图 1-5 所示。

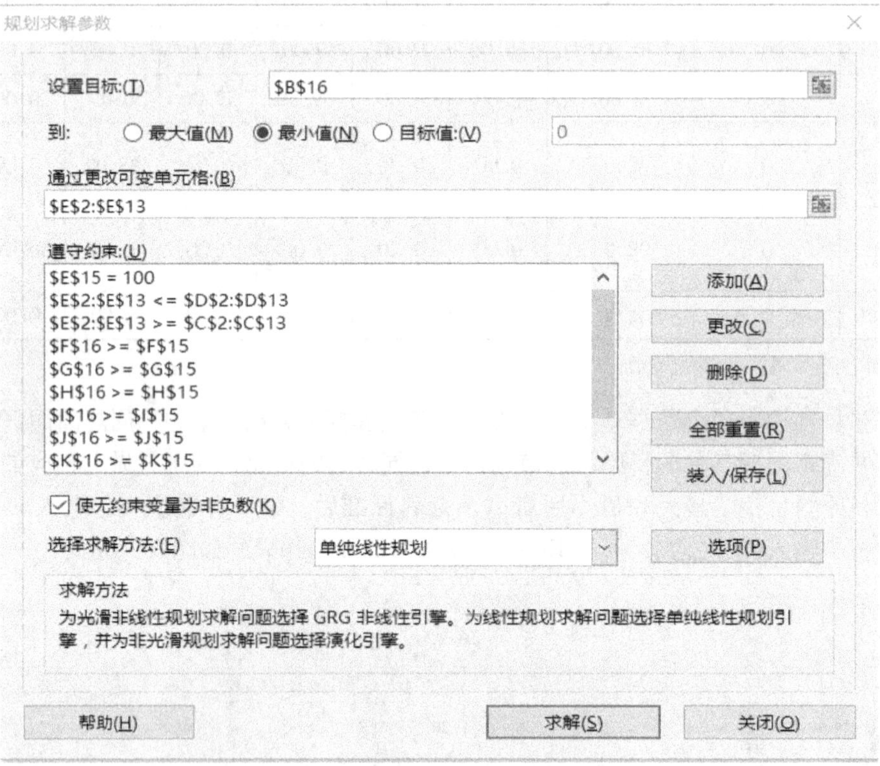

图 1-5　规划求解参数对话框

输入参数：

① 设置目标选中 B16，“到:”选择“最小值”。

② 可变单元格 E2 至 E13 为配方结果。

③ 选中“添加”，填入约束项，包括：配比总和 E15 = 100；各成分配比大于或等于最小用量，以及小于或等于最大用量，即（E2：E13 ≤ D2：D13），（E2：E13 ≥ C2: C13）；配方结果的代谢能值等各种营养成分值均应该设定大于或小于营养标准，如 F16 ≥ F15、G16 ≥ G15，其后 H16、I16、J16 等以此类推。

④ 选中求解方法为：单纯线性规划，点击“选项”设置最大时间和迭代次数，见图1－6，确定无误后单击“求解”按钮。

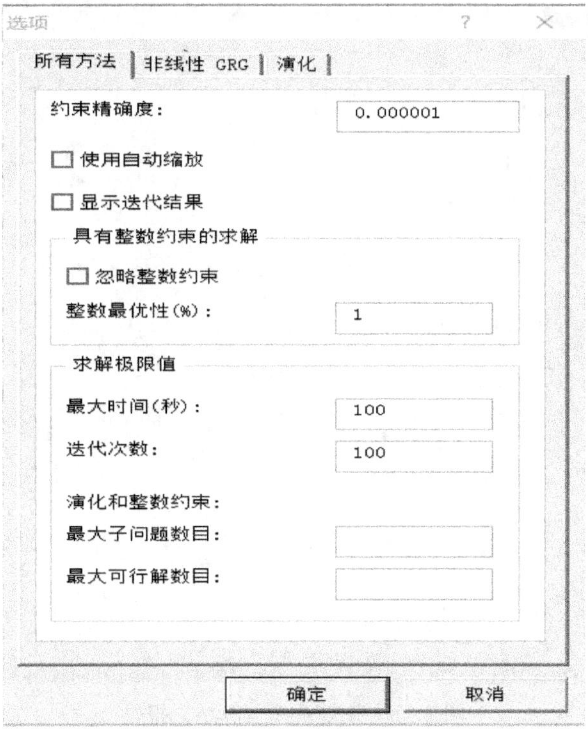

图1－6　选项对话框

（2）随后弹出规划求解结果对话框，见图1－7。

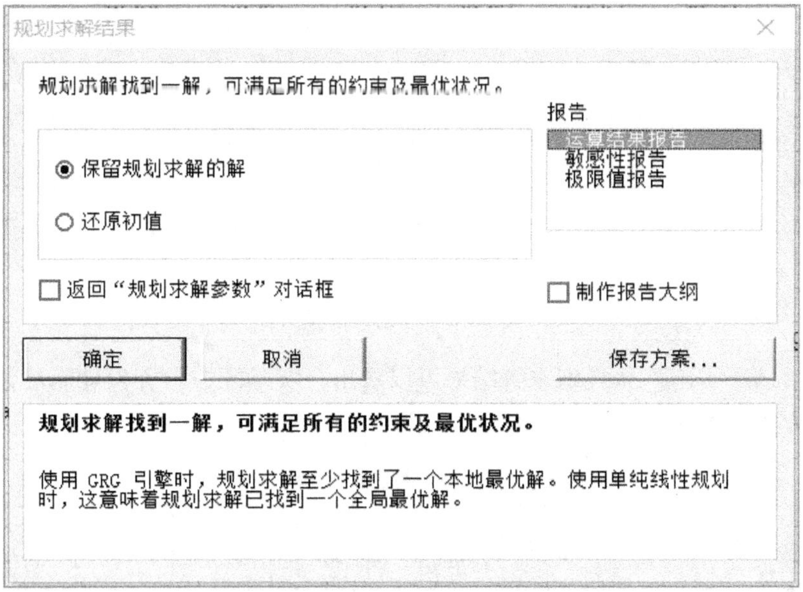

图1－7　规划求解结果对话框

(3) 选中“运算结果报告”后点击“确定”，随后得出结果报告（图 1－8）和规划求解结果（图 1－9）。

文件 开始 插入 页面布局 公式 数据 审阅 视图

A1 fx Microsoft Excel 15.0 运算结果报告

Microsoft Excel 15.0 运算结果报告
工作表：[规划求解计算.xlsx]规划求解结果表
报告的建立：2020/8/22 18:36:52
结果：规划求解找到一解，可满足所有的约束及最优状况。
规划求解引擎
引擎：单纯线性规划
求解时间：.094 秒。
迭代次数：29 子问题：0
规划求解选项
最大时间 100 秒， 迭代 100，Precision 0.000001
最大子问题数目 无限制，最大整数解数目 无限制，整数允许误差 1%，假设为非负数

目标单元格（最小值）

单元格	名称	初值	终值
B16	成本及营养值 成本（元/kg）	0.00	3.39

可变单元格

单元格	名称	初值	终值	整数
E2	玉米（2级） 配方结果	0.00	56.95	约束
E3	豆粕（2级） 配方结果	0.00	25.83	约束
E4	麦麸（1级） 配方结果	0.00	0.00	约束
E5	玉米蛋白粉(CP50%) 配方结果	0.00	10.00	约束
E6	鱼粉(1级) 配方结果	0.00	0.00	约束
E7	大豆油 配方结果	0.00	1.54	约束
E8	磷酸氢钙 配方结果	0.00	1.44	约束
E9	贝壳粉 配方结果	0.00	1.58	约束
E10	食盐 配方结果	0.00	0.45	约束
E11	98%L-赖氨酸盐酸盐 配方结果	0.00	0.00	约束
E12	98%DL-蛋氨酸 配方结果	0.00	0.21	约束
E13	预混料 配方结果	0.00	2.00	约束

原始表 规划求解结果表 运算结果报告 1

就绪

图 1－8 规划求解运算结果报告

原料	单价/(元·kg^{-1})	量小用量/%	量大用量/%	配方结果	代谢能/(MJ·kg^{-1})	$w_{粗蛋白}$/%	w_{Ca}/%	w_P/%	w_{Na}/%	w_{Cl}/%	w_{Lys}/%	w_{Met}/%	$w_{Met+Cys}$/%
玉米（2级）	2.40	0.00	70.00	56.95	13.47	8.00	0.02	0.12	0.02	0.04	0.24	0.16	0.30
豆粕（2级）	4.20	0.00	30.00	25.83	9.62	43.00	0.32	0.31	0.03	0.05	2.45	0.64	1.30
麦麸（1级）	2.80	0.00	5.00	0.00	6.82	15.70	0.11	0.24	0.07	0.07	0.58	0.13	0.39
玉米蛋白粉(CP50%)	5.90	0.00	10.00	10.00	14.26	51.30	0.06	0.42	0.02	0.00	0.92	1.14	1.90
鱼粉(1级)	9.80	0.00	5.00	0.00	11.80	60.20	4.04	2.90	0.97	0.61	4.72	1.64	2.16
大豆油	7.50	0.00	3.00	1.54	35.02	0.00	0.00	0.00	0.00	0.00	0.00	0.00	0.00
磷酸氢钙	2.10	0.00	3.00	1.44	0.00	0.00	23.00	18.00	0.00	0.00	0.00	0.00	0.00
贝壳粉	1.50	0.00	3.00	1.58	0.00	0.00	36.00	0.00	0.00	0.00	0.00	0.00	0.00
食盐	1.20	0.00	1.00	0.45	0.00	0.00	0.00	0.00	39.50	59.00	0.00	0.00	0.00
98%L-赖氨酸盐酸盐	10.50	0.00	1.00	0.00	0.00	98.00	0.00	0.00	0.00	0.00	98.00	0.00	0.00
98%DL-蛋氨酸	26.00	0.00	1.00	0.21	0.00	98.00	0.00	0.00	0.00	0.00	0.00	98.00	100.00
预混料	6.00	2.00	2.00	2.00	0.00	0.00	0.00	0.00	0.00	0.00	0.00	0.00	0.00
饲料					代谢能ME（MJ/kg）	粗蛋白%	Ca%	P%	Na %	Cl %	Lys%	met%	M+C %
营养标准	成本（元/kg）	配方总和		100.00	12.12	21.00	1.00	0.45	0.20	0.28	1.09	0.45	0.91
成本及营养值	3.39			0.00	12.12	21.00	1.00	0.45	0.20	0.30	0.86	0.58	0.91
计算值与标准差					0.00	0.00	0.00	0.00	0.00	0.02	-0.23	0.13	0.00

图 1－9 规划求解结果

第四步：结果审定。从规划求解结果可以看出，实际配方营养值能满足营养需要，优化的最低配方成本为 3.39 元/kg，其具体配方见表 1－5。

表 1－5 0～3 周龄肉用仔鸡饲料配方

饲料原料	玉米（1 级）	豆粕（2 级）	大豆油	玉米蛋白粉（CP 50%）	磷酸氢钙	石粉	食盐	98% DL－蛋氨酸	2% 预混料
配合比例（质量分数）/%	56.95	25.83	1.54	10	1.44	1.58	0.45	0.21	2

实验三　采用 WUFFDA 系统进行全价饲料配方设计

（一）实验目的

掌握试差法设计全价饲料配方的方法和步骤。

（二）计算方法

Office 办公软件中的 Excel“工具”菜单“加载宏”选项中有“规划求解”一项，可以完成各种线性规划任务。用 Excel 线性规划对饲料配方任务求解时，仅需要在 Excel 界面下，通过鼠标或键盘的操作，即可得出饲料配方最低成本的最优解，可用于中小型饲料厂、规模养殖场进行饲料配方计算。

（三）实验材料

美国佐治亚大学 WUFFDA 系统，有 7 个功能页面：封面、饲料原料、营养需要、饲料配合、饲料特性、料方清单、图形显示。Office 办公软件中的 Excel 2003 以上版本电子表格，在“工具”栏安装 Solver。

WUFFDA 系统网址：https：//poultry. caes. uga. edu/extension/poultry-nutrition/tool-kit. html

（四）实验步骤

第一步：选择饲料原料，准备好一份饲料成分表。

打开“饲料原料”工作表，可把有关数据直接加入“现用”饲料成分表中，也可以从“备用”饲料成分表中拷贝到“现用”饲料成分表中。图 1－10 所示为将苜蓿粉从“备用饲料成分表”复制到“现用饲料成分表”中。

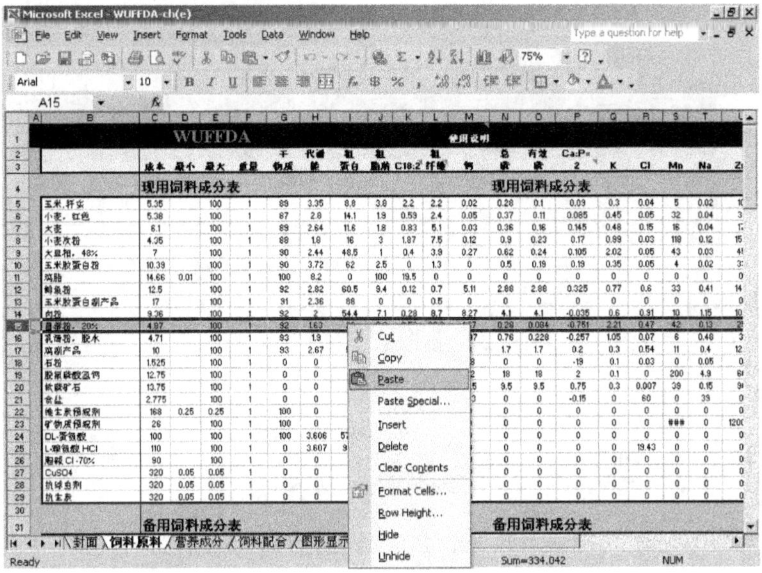

图 1－10　WUFFDA 系统饲料成分表

第二步：定好营养需要量。

“营养成分”页面中含有“备用配方”表，可在“使用配方”区直接加进营养需要量数据，也可从“备用配方”表中复制和粘贴。图 1－11 所示为将生长肉鸡的营养需要量从“备用配方”复制到“现用配方”中。

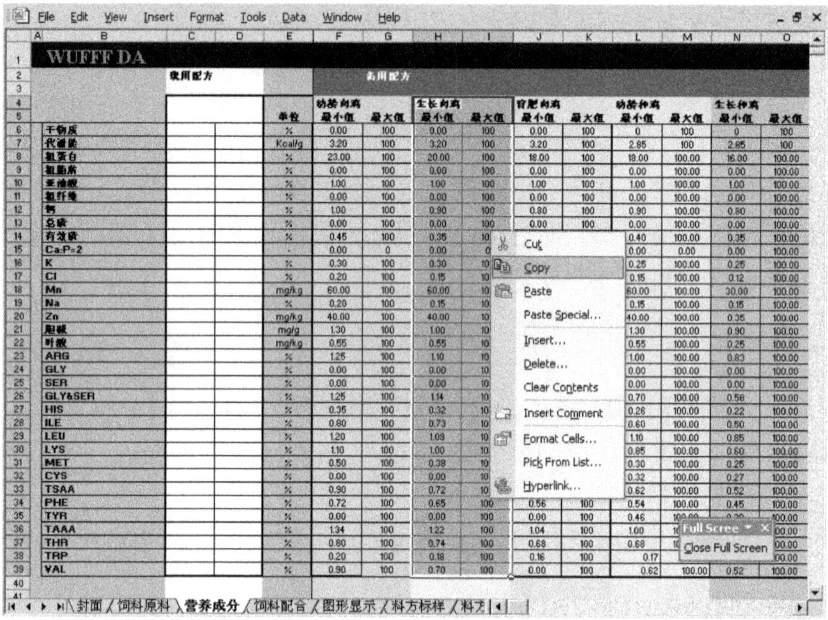

图 1－11　WUFFDA 营养需要量表

第三步：确定养分的约束条件。如 C14 格有效磷的需要量确定为 C12 格中钙需要量的 38.9%，见图 1－12。

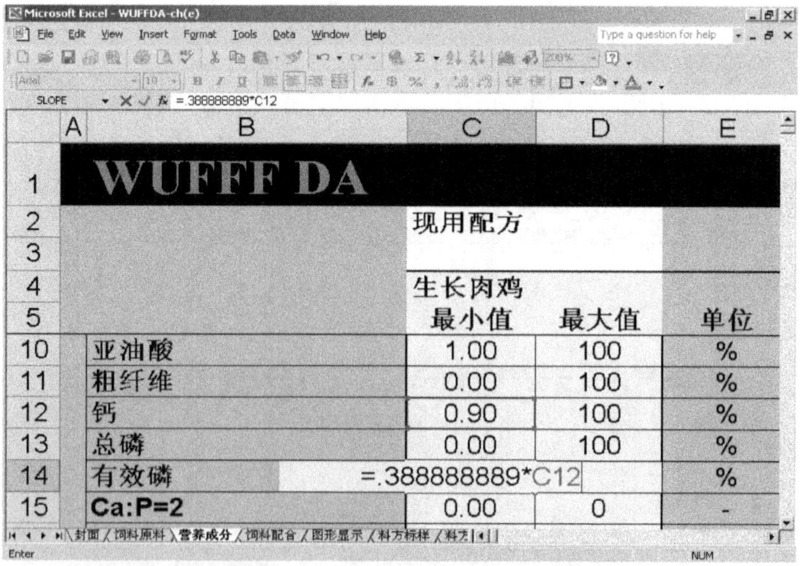

图 1－12　WUFFDA 约束条件输入对话框

第四步：计算配方。点击工具菜“Solver”，点击“OK”键，配方中每一饲料原料用量和饲粮提供的营养成分会显示出来，见图 1－13。

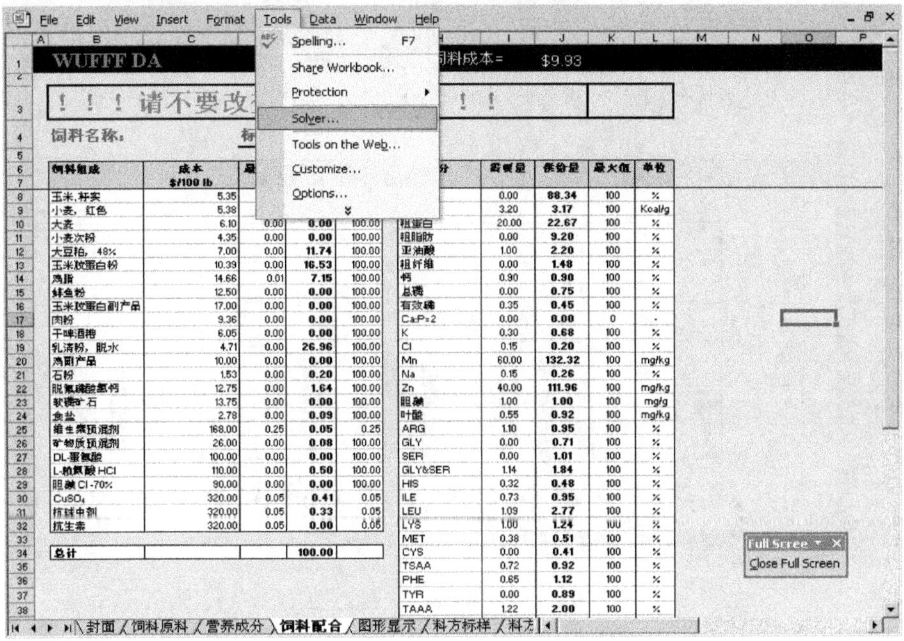

图 1－13 WUFFDA 配方计算表

第五步：在饲料配方页面，打印出上述饲料配方。也可在“图形显示”中画出页面，预览其图示状态。具体见图 1－14、图 1－15。

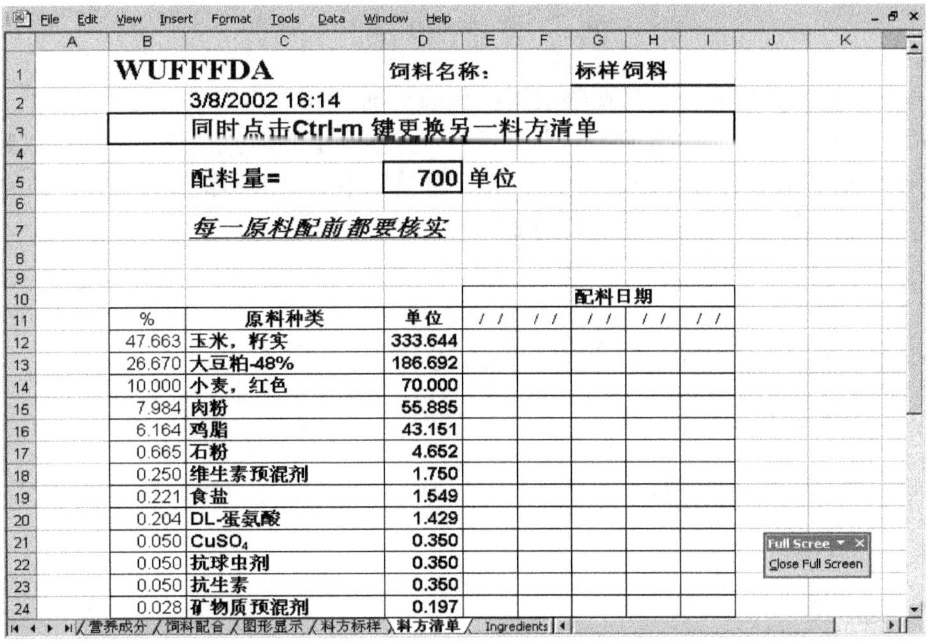

图 1－14 WUFFDA 配方表

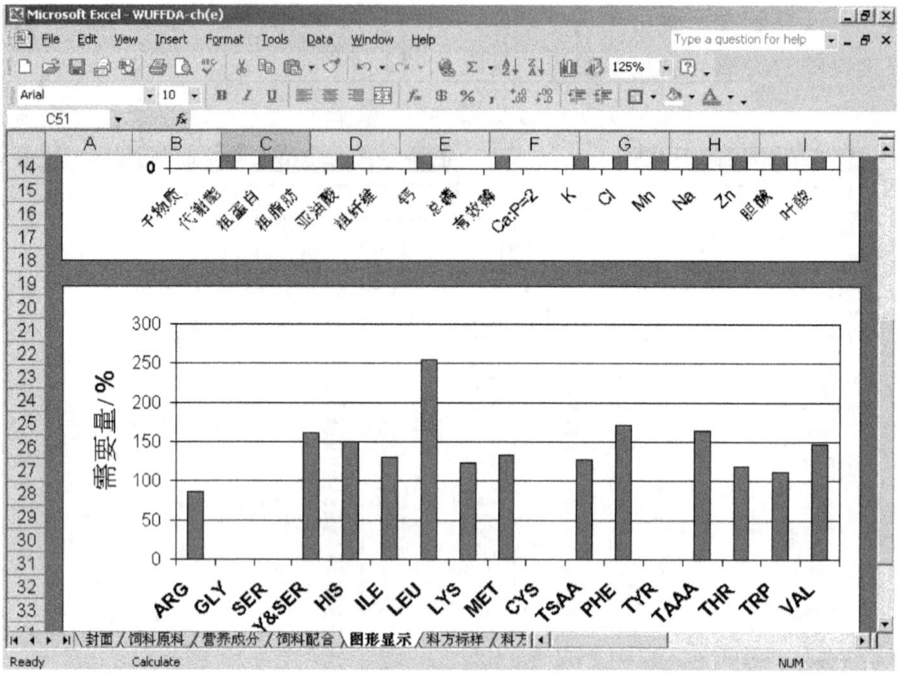

图 1－15　WUFFDA 配方图

第二节　浓缩饲料配方设计

实验四　浓缩饲料配方设计

浓缩饲料由蛋白饲料、常量矿物质饲料和添加剂预混料等组成，与能量饲料搭配后，则构成全价配合饲料。常用浓缩饲料是以蛋白质为主的浓缩饲料。猪、鸡等单胃动物在不同的生长时期、不同生产阶段和不同生产水平等情况下，对浓缩饲料占配合日粮的比例各不相同。一般浓缩饲料可占全价饲料的 20%～30%。

（一）实验目的

掌握畜禽浓缩饲料的配方设计方法和计算步骤。

（二）计算方法

实验方法有两种：第 1 种是间接计算方法；第 2 种方法是直接计算方法。

（三）实验步骤

1. 间接计算方法

第一步：先设计出全价饲料配方。

第二步：确定能量饲料和浓缩饲料的配比。

第三步：算出浓缩饲料配方。计算公式为：全价饲料中各原料比例/浓缩饲料比例×100

表 1－6 第三列中的浓缩饲料配方就是从第二列“全价饲料配方”中抽去能量饲料黄玉米后计算来的（抽走黄玉米后，全价饲料配方中的其他原料配比除以 0.29 即为浓缩饲料配方）。在使用时，将此浓缩饲料 29 kg 加上 71 kg 的黄玉米混合均匀即为肉鸡的全价配合饲料。这种方法适合既生产配合饲料又适合生产浓缩饲料的饲料企业，当用户自己拥有能量饲料时，可专为其生产浓缩饲料。

表 1－6　0～3 周龄肉用仔鸡全价饲料配方

		全价饲料配方	浓缩饲料配方
饲料组成（风干基础）/kg	黄玉米	71.0	—
	大豆饼	8.0	27.6
	棉子饼	10.0	34.5
	菜子饼	6.0	20.7
	进口鱼粉	3.0	10.4
	骨 粉	1.0	3.4
	脱氟磷酸钙	1.0	3.4
添加剂 /$(g \cdot t^{-1})$	盐酸 L－赖氨酸	1800	6200
	DL－蛋氨酸	800	6760
	食盐	1000	3450

2. 直接计算方法

对专门生产浓缩饲料的饲料企业，可以直接计算浓缩饲料配方。此种方法又包括两种情况：一是饲料企业根据蛋白质、矿物质饲料的供应情况和价格，自行决定浓缩饲料的营养水平，即确定粗蛋白质、氨基酸（赖氨酸、蛋氨酸）、钙和有效磷等指标后，像计算配合饲料配方一样计算出最低成本浓缩饲料配方，用户买到浓缩饲料后再根据其各营养成分的含量选择能量饲料的种类和配合数量。另外一种情况，厂家根据用户所有的能量饲料种类和数量，确定浓缩饲料与能量饲料的比例，结合动物饲养标准确定浓缩饲料各养分所应达到的水平，最后计算浓缩饲料的配方。现以设计 0～3 周龄肉用仔鸡浓缩饲料配方为例，针对第二种情况进行计算。

第一步：确定配合饲料的营养需要。

查动物饲养标准，确定配合饲料的营养需要，如表 1－7 所示。

表 1－7　0～3 周龄肉用仔鸡饲养标准

代谢能（$MJ \cdot kg^{-1}$）	$w_{粗蛋白质}$/%	$w_{钙}$/%	$w_{有效磷}$/%	$w_{赖氨酸}$/%	$w_{蛋氨酸}$/%
12.13	21.0	1.00	0.45	1.09	0.15

第二步：确定浓缩饲料的营养需要。

（1）确定浓缩饲料要配比的能量饲料，计算能量饲料所能达到的营养水平，见表 1－8。

表 1－8　计算能量饲料所能达到的营养水平

饲料	配比/%	代谢能/($MJ \cdot kg^{-1}$)	$w_{粗蛋白质}$/%	$w_{钙}$/%	$w_{有效磷}$/%	$w_{赖氨酸}$/%	$w_{蛋氨酸}$/%
玉米	60	14.06	8.60	0.04	0.06	0.27	0.13
高粱	10	13.01	8.70	0.09	0.08	0.22	0.08
合计	70	9.74	6.03	0.03	0.04	0.18	0.09

（2）计算浓缩饲料各营养成分所能达到的水平。

确定能量饲料与浓缩饲料的比例，根据动物的营养需要和浓缩饲料用量计算浓缩饲料的营养配合标准。浓缩饲料标准＝（营养需要－用户提供量）/浓缩饲料用量

假定用户的能量饲料为玉米和高粱，蛋白质含量较低，浓缩饲料在配合日粮中所占比例不能过低，可初步确定为30%，即浓缩饲料与能量饲料的比例为3∶7。例如，已知能量饲料所能提供的粗蛋白水平为6.03%，要使全价日粮粗蛋白质达21%，则30%浓缩饲料的粗蛋白质含量为：$(0.21-0.0603)\div 0.3\times 100\%=49.90\%$。

采用相同方法可以计算出其他养分在浓缩饲料中的含量，见表1－9。

表 1－9　0～3 周龄肉用仔鸡浓缩饲料所应达到的营养水平

代谢能/($MJ \cdot kg^{-1}$)	$w_{粗蛋白质}$/%	$w_{钙}$/%	$w_{有效磷}$/%	$w_{赖氨酸}$/%	$w_{蛋氨酸}$/%
7.97	49.90	3.23	1.37	3.03	1.20

第三步：选择浓缩饲料原料并确定其配比。原料的选择要因地制宜，根据来源、价格、营养价值等方面综合考虑来确定各原料在浓缩饲料中所应占的比例。可采用与配合日粮相同的设计方法。重点考虑的营养指标是粗蛋白质、必需的氨基酸和常量矿物元素钙和磷。至于食盐、维生素和微量元素等的添加量，可以用在全价日粮中的配比除以浓缩饲料在全价日粮中的百分比。

第四步：将计算结果整理成浓缩饲料配方，并附上使用说明，见表1－10。

表 1－10　0～3 周龄肉用仔鸡浓缩饲料配方及饲料营养水平

原料组成	大豆饼/%	50.0	饲料营养水平	代谢能/($MJ \cdot kg^{-1}$)	11.09
	鱼粉/%	45.7		$w_{粗蛋白质}$/%	49.84
	骨粉/%	4.3		$w_{钙}$/%	3.51
添加物	DL－蛋氨酸/($g \cdot t^{-1}$)	2100		$w_{有效磷}$/%	2.10
	食盐/($g \cdot t^{-1}$)	7000		$w_{赖氨酸}$/%	3.21
	多种维生素/($g \cdot t^{-1}$)	500		$w_{蛋氨酸}$/%	1.20
	益生素/($g \cdot t^{-1}$)	18000			
	酶制剂/($g \cdot t^{-1}$)	1600			

第三节　添加剂预混料配方设计

实验五　微量元素预混料配方设计

（一）实验目的

掌握畜禽微量元素预混料配方设计的方法与步骤。

（二）计算方法

参照动物营养需要或饲养标准，确定微量元素添加量。选择添加剂原料，用元素添加量除以原料中元素含量和纯度，得到添加剂原料在配合饲料中的用量后，再除以预混料在配合饲料中的配合比例，得到预混料中各原料的用量。预混料总量减去预混料中各原料的用量总和，得到载体或稀释剂的用量，再转换成百分比，即得到微量元素预混料配方。

（三）实验材料

营养需要或饲养标准，计算器或计算机 Excel 软件。

（四）实验步骤

微量元素添加剂预混料产品针对特定动物的全价日粮而用，因此设计之前需要具体确定动物对象及预混料在全价日粮中的添加比例或产品规格。

第一步：根据饲养标准确定微量元素需要量。饲养标准是确定动物营养需要的基本依据，为计算方便，通常以饲养标准中规定的微量元素需要量作为添加量，还可参考确实可靠的研究和使用成果进行权衡，调整微量元素添加的种类和数量。

第二步：微量元素的原料选择。根据《饲料添加剂品种目录（2013）》和微量元素添加剂标准，综合原料的生物效价、价格和加工工艺的要求选择微量元素原料。主要查明微量元素含量，同时查明杂质及其他元素含量，以备应用。

第三步：根据原料中微量元素含量和预混料中的需要量，计算在预混料中各微量元素所需商品原料量。其计算方法是：

纯原料量 = 某微量元素需要量/纯品中元素含量（%）

商品原料量（mg）= 纯原料量/商品原料纯度（%）

第四步：确定载体用量。根据微量元素预混料在配合饲料中的比例，计算载体用量。一般认为微量元素预混料占全价配合饲料的 0.1% ～0.5% 为宜。载体用量为微量元素预混料量与微量元素商品原料量之差。

第五步：列出微量元素预混料的生产配方。

（五）计算实例

0.2%产蛋鸡微量元素预混料配方

第一步：根据饲养标准确定微量元素需要量。

由我国鸡饲养标准中查出产蛋鸡的微量元素需要量，即添加量，见表1－11。

表1－11　产蛋鸡的微量元素需要量

微量元素	铁	铜	锰	锌	碘	硒
需要量/($mg\cdot kg^{-1}$)	50	3	25	50	0.3	0.1

第二步：微量元素原料选择，见表1－12。

表1－12　商品微量元素盐的规格

商品微量元素盐	分子式	元素	质量分数/%	商品原料纯度/%
硫酸亚铁	$FeSO_4\cdot 7H_2O$	Fe	20.1	98.5
硫酸铜	$CuSO_4\cdot 5H_2O$	Cu	25.5	96
硫酸锰	$MnSO_4\cdot H_2O$	Mn	32.5	98
硫酸锌	$ZnSO_4\cdot 7H_2O$	Zn	22.7	99
碘化钾	KI	I	76.4	98
亚硒酸钠	$Na_2SeO_3\cdot 5H_2O$	Se	30.0	95

第三步：计算商品原料量。将需要添加的各微量元素折合为每千克风干全价配合饲料中的商品原料量：商品原料量＝某微量元素需要量/纯品中该元素含量/商品原料纯度。

按此计算方法，得到以上6种商品原料在每千克全价配合饲料中的添加量，见表1－13。

表1－13　1kg全价配合饲料中微量元素盐商品原料用量

商品原料	计算式	商品原料量/($mg\cdot kg^{-1}$)
硫酸亚铁	50÷20.1%÷98.5%	252.5
硫酸铜	3÷25.5%÷96%	12.3
硫酸锰	25÷32.5%÷98%	78.5
硫酸锌	50÷22.7%÷99%	222.5
碘化钾	0.3÷76.4%÷98%	0.4
亚硒酸钠	0.1÷30%÷95%	0.35
合计		566.55

第四步：计算载体用量。微量元素预混料在全价配合料中占0.2%（即每千克全价配合饲料需添加预混料2000 mg）时，则预混料中载体用量等于预混料量与微量元素盐商品

原料量之差：

2000 mg - 566.55 mg = 1433.45 mg，所以每千克全价配合料中载体用量为 1433.45 mg，相当于每吨全价配合料中载体用量为 1433.45 g。

第五步：列出蛋鸡微量元素预混料的生产配方，见表 1 - 14。

表 1 - 14 蛋鸡微量元素预混料的生产配方

商品原料	每吨全价料用量/g	每吨预混料用量/kg	百分比/%
硫酸铜	12.3	6.15	0.615
碘化钾	0.4	0.2	0.02
硫酸亚铁	252.5	126.25	12.63
硫酸锰	78.5	39.25	3 925
亚硒酸钠	0.35	0.175	0.0175
硫酸锌	222.5	111.25	11.125
载 体	1433.45	716.75	71.675
合计	2000	1000	100

（六）微量元素预混料配制注意事项

添加剂原料在进入预混合配料之前需要一定的前处理，以保证配料后活性成分的稳定性、均匀性和安全性。

1. 硫酸盐的预处理

（1）干燥。干燥的目的主要是除去原料中的游离水和过多的结晶水，防止原料因吸湿反潮而引起潮解和结块，影响加工处理、设备寿命及破坏某些活性成分的稳定性；另一目的是通过控制不同的焙烧温度，形成不同氧化程度的氧化物，由于颜色不同，添加于饲料中，可以起到着色和易于检验管理的作用。

我国微量元素原料的生产主要是硫酸盐生产体系，产品多为硫酸盐类，诸如硫酸铜、硫酸锌、硫酸亚铁、硫酸锰等，这些硫酸盐类吸湿性强，除含有 5 个或 7 个结晶水外，还有易吸潮面含有较多的游离水。由此将导致加工过程中易粘附于机壁上腐蚀机器，且残留量大；易结块，不能混合均匀；在产品贮藏中易破坏其他成分的生物活性；不利于进行微粉碎。因此，必须进行干燥与防潮处理。通常采取如下措施：

烘干：微量元素盐的含水量（不包括结晶水）超过 2%（质量分数），就必须在 100 ～ 105℃的恒温干燥机内脱水。烘干，不同国家略有差别，有的要求干燥到 0.5% 以下（游离水）；有的则允许为 0.5% ～2%（游离水）。

添加防结块剂：为平衡其水分，防止返潮结块，可加入碳酸钙、二氧化硅等，这些物质不能超过饲用日粮的 2%；如果进厂的原料是大块，应先用破碎机打碎，然后再进行脱水。首先在 65 ～70℃恒温干燥机内脱去游离水，然后在 100 ～105℃下脱去部分结晶水，原料干燥以后，转入备有吸湿设备的原料仓，将各种微量元素盐类分别存放于密封的原料箱内备用。

（2）细粒化。原料细粒化的目的在于配料均匀，动物采食均衡，有利于胃肠道的溶解和吸收。添加量愈少的微量元素原料，要求粒度愈小。但是过细将使流动性降低，粉尘增加，静电效应增大，化学稳定性差，混合特性降低，制成的预混料质量差。因此，应当保证最佳粒度。原料粉碎的粒度在微量元素盐的配合上具有特殊意义，为了得到要求的细度，硫酸铜、硫酸锰、硫酸亚铁、硫酸锌要使用微化机细磨。微化磨具有高速的旋转能力和特有形状的叶轮，可把微量元素盐磨到几微米。作为饲料添加剂的微量元素盐，必须细磨到一定细度，才有利于稀释剂的稀释和载体的承载，使之均匀分布于饲料中。前面所说的最佳粒度是相对的，主要根据其在配合饲料中的添加量而定。微量成分添加量与粒度的关系见表1－15。

表1－15　微量成分在配合饲料中的添加量与粒度要求的关系

每吨饲料中的添加量	标准筛目	粒度/μm	1 g 物料的粒数
4.5 kg	18	1000	1530
4.5 kg	20	840	2580
4.5 kg	25	710	4350
4.5 kg	30	590	7460
0.9 kg	40	428	20 800
227 g	60	250	84 700
227 g	80	177	281 000
227 g	100	149	392 000
227 g	200	74	3 260 000
1 g	325	44	15 600 000
100 mg	—	22	—
10 mg	—	5	—

（3）防止返潮的预处理。硫酸盐虽经干燥和细磨，但容易吸湿和返潮，生产上常采取以下几种处理方法：

① 涂层包被，建立防潮屏障。可用稳定性好的无害的矿物油或石蜡包被微粒形成隔水，以防吸湿返潮而结块成团，还能在物料中起滑润作用，并防止微粒静电荷的形成，甚至包裹着微量元素颗粒，使其化学活性降低，稳定性增强，起到既可防潮，又可防粉尘的作用。但其用量不能超过微量元素添加量的3%。

② 制成多糖复合物。硫酸盐类能溶解在多糖溶液中，形成锌、铁、铜等微量元素的金属多糖复合物，防止微量元素颗粒吸湿返潮。

③ 用乙二胺四醋酸形成铜、铁、锌的螯合物。螯合剂的用量在配合饲料中不得超过240×10^{-6}，其纯度至少为99%。

2. 亚硒酸钠的预处理

硒是动物体内不可缺少的元素之一，但动物对硒的需要量和中毒量极为接近，添加量较少，应用之前必须经过预混和分析处理，采用水化加工工艺，其添加工艺如下：

含硒 45% 的亚硒酸钠加入 81.4℃的热水中，经过 5 分钟完全溶解，配成含亚硒酸钠的水溶液 10 kg，然后喷洒在混合机内的砻糠粉上，混合成硒的稀释剂，再与其他物料混为硒的预混料，此时硒的含量为 0.02%，使用时将含硒 0.02% 的预混料按 1/2000 的比例加到配合饲料中。

3. 碘化钾、氯化钴的预处理

通常使用硬脂酸钙保护法和吸收剂平衡法进行预处理。

（1）硬脂酸钙保护法。采用球磨机分别将原料细粒化后，用硬脂酸钙作保护剂形成包被，提高其流散性，表面光滑，并可防止结块，消除静电荷。保护剂的用量比例为 2∶98。

（2）吸收剂平衡法。将碘化钾、氯化钴分别精确称量，各以 1∶（15～20）的比例溶解于水中，再分别按 1∶500 的比例喷洒在石粉等吸收剂上进行预混合。

4. 预处理产物的含水量要求

微量组分经过预处理或进入预混合配料混合工序之前，含水量必须达到以下要求：

有机活性物质质量分数为 50%，含水量不超过 1%（质量分数）；有机活性物质质量分数为 10%～15%，含水不超过 4%；有机活性物质质量分数低于 10%，含水量不超过 8%；无机活性物质允许含水量为 0.5%～1%。

5. 微量元素预混料的配制方法

（1）配制法Ⅰ。

先将载体与油脂混合，再添加微量元素活性组分。

将载体全部投入预混机内，然后加入预混料量 1%～3% 的油脂（最好为植物油）。为了防油脂变质而影响其他活性成分，宜将抗氧化剂直接加入油脂内，使油脂保持良好，从而使预混料具有较高的稳定性。抗氧化剂的添加量应为油脂容积的 1/2000，然后混合 2 分钟左右，使油脂均匀分布在载体表面上。

按预混机上的不同添加剂的料筒分别投入相应的微量元素添加剂。加入时，占配比小的活性组分先加，占配比大的活性组分后加，以使活性组分均匀分布。如果载体的用量较大，可分两次加入，先加一半，在加入全份数微量元素活性组分之后，再加入留下的一半载体。一般在完全投料之后，再混合搅拌 10～15 分钟。

（2）配制法Ⅱ。

将载体与微量元素活性组分同时混合，然后再加入油脂和抗氧化剂等，并混合搅拌 10～15 分钟。

以上两种配制方法的物料加入顺序要点是，不使微量元素活性组分首先与油脂接触，以免造成微量元素活性组分结团而影响混合饲料的质量。

实验六　维生素预混料配方设计

（一）实验目的

掌握畜禽维生素预混料配方设计的方法与步骤。

（二）计算材料

营养需要或饲养标准，计算机 Excel 软件。

（三）计算方法

依据饲养标准或营养需要中的建议用量，结合考虑维生素的稳定性、饲料中维生素含量、维生素制剂价格、畜禽养殖环境条件、饲料加工工艺及饲料贮存条件和时间等影响因素来确定维生素添加量，然后将需要添加的维生素量折算为商品原料用量，再算出载体用量，最后计算出维生素预混料的配方。

（四）实验步骤

维生素添加剂预混料产品是针对特定动物全价日粮的，因此设计之前需要具体确定动物对象及在全价日粮中的添加比例或产品规格。

第一步：依据饲养标准，并综合多种影响因素确定维生素的需要量。

第二步：选用适宜的维生素添加剂原料，并了解其含量、效价。

第三步：把维生素添加量换算成原料添加量。

第四步：选择适宜的载体和抗氧化剂，确定其用量。

第五步：列出配方。

（五）计算实例

0.5%肉鸡的维生素预混料的配方

第一步：确定维生素种类和需要量。

以动物饲养标准为基础，视饲养的具体条件，确定维生素的种类及其使用数量。为使预混料中各种维生素在使用时能达到保证剂量，在设计配方时，可依据环境条件加一适当的增量，即安全裕量或保险系数。保险系数的大小应以保证动物生产的经济效果最佳为原则。具体见表1－16。

表1－16　肉鸡维生素需要量表　　单位：mg/kg

VA	VD	VE	VK	B1	B2	B3	B4	B5	B6	B7	B11	B12
0.9	0.01	20	10	3.6	7.2	20	1300	70	7	0.3	1.1	0.02

第二步：选用适宜的维生素添加剂原料。

根据《饲料添加剂品种目录（2013）》和维生素原料标准，综合原料的生物效价、价格和加工工艺的要求，选择规范使用的维生素原料，见表1－17。

表1－17　商品维生素及其规格

维生素原料	质量分数/%	纯度/%
维生素A乙酸酯微粒	95	100
维生素D3（微粒）	90	100
DL－α－生育酚乙酸酯（粉）	50	99
亚硫酸氢钠甲萘醌（维生素K3）	50	99
盐酸硫胺	98	99

续上表

维生素原料	质量分数/%	纯度/%
核黄素	96	99
D-泛酸钙	99	99
氯化胆碱	50	99
烟酸	99	100
盐酸吡哆醇	98	100
2% d-生物素	2	100
叶酸	95	100
维生素 B12（氰钴胺）粉剂	90	100

第三步：计算维生素商品添加剂原料用量。

将各种维生素的添加量换算成商品维生素添加剂原料用量。即：

商品维生素添加剂原料用量 = 维生素添加量/维生素商品添加剂活性成分含量

第四步：确定载体和载体用量。

可作为维生素预混添加剂载体的种类很多。设计配方时，可根据配方的特点和使用目的选用适宜的载体，然后按维生素预混料添加剂的预定使用量（0.1% ～1.0%）计算载体用量。本实例按照0.5%（即每吨全价配合饲料有预混料 5 kg）使用量计算载体用量，预混料中载体用量等于预混料量与维生素商品原料量之差。即：

5000 - 2813.55 = 2186.45（mg），所以每千克全价配合料中载体用量为 2186.45 mg，相当于每吨全价配合料中载体用量为 2186.45 g。

第五步：列出配方，见表 1-18。

表 1-18　肉鸡维生素预混料配方

维生素原料	每吨全价料用量/g	百分比/%	预混料用量/($kg \cdot t^{-1}$)
维生素 A 乙酸酯微粒	0.95	0.019	0.19
维生素 D3（微粒）	0.01	0.0002	0.002
DL-α-生育酚乙酸酯（粉）	40.40	0.808	8.08
亚硫酸氢钠甲萘醌（维生素 K3）	20.20	0.404	4.04
盐酸硫胺	3.71	0.074	0.74
核黄素	7.58	0.152	1.52
D-泛酸钙	20.41	0.408	4.08
氯化胆碱	2626.26	52.525	525.25
烟酸	70.71	1.414	14.14
盐酸吡哆醇	7.14	0.143	1.43
2% d-生物素	15.00	0.300	3.00
叶酸	1.16	0.023	0.23
维生素 B12（氰钴胺）粉剂	0.02	0.000	0.004
载 体	2186.45	43.729	437.29
合计	5000	100.000	1000.00

（六）维生素预混料配制注意事项

一般来讲，维生素的稳定性差，在许多不适条件下都会变性失效。在设计配方时，特别应注意以下4点：

（1）烟酸与泛酸不能混配。

（2）氯化胆碱要单独使用。

（3）微量元素添加剂与维生素不宜复配，即使复配也需在短期内（不超过3个月）用完。

（4）液态原料需要预处理。

实验七　复合预混料配方设计

复合预混料是由维生素、微量元素、氨基酸、抗氧化剂、防腐剂以及一些药物等多种添加剂和载体或稀释剂组成。

（一）实验目的

掌握畜禽复合预混料配方设计的方法与步骤。

（二）实验材料

营养需要或饲养标准，计算机 Excel 软件。

（三）计算方法

依据饲养标准或营养需要中的建议用量，结合考虑各种添加剂原料的规格和稳定性、畜禽养殖环境条件、饲料加工工艺、饲料贮存条件和时间等影响因素来确定各种添加剂，尤其是维生素添加量，然后将需要添加的各种添加剂量折算为商品原料用量，再算出载体用量，最后计算出复合预混料的配方。

（四）实验步骤

复合添加剂预混料产品是针对特定动物全价日粮的，因此设计之前需要具体确定动物对象及在全价日粮中的添加比例或产品规格。

第一步：依据饲养标准，并综合多种影响因素确定复合添加剂的需要量。

第二步：选用适宜的复合添加剂原料，并了解其含量、利用效率。

第三步：把复合添加剂添加量换算成原料添加量。

第四步：选择适宜的载体和抗氧化剂，确定其用量。

第五步：列出配方。

（五）计算实例

2%肉鸡的复合预混料配方

第一步：依据饲养标准，并综合多种影响因素确定复合添加剂的需要量。

新建电子表格，数据输入和后续计算电子表格图见图 1－16。将添加剂需要量输入电子表格的 A2: A22，B2: B22 单元格区域。

第二步：选用适宜的复合添加剂原料，并确定其含量、利用效率，将数据输入电子表格的 C2: C22，D2: D22，E2: E22 单元格区域。

第三步：把复合添加剂添加量换算成原料添加量。在 F2 单元格输入公式：＝B2/D2/E2＊10000，按回车键得出铁商品盐添加量，以此类推计算出各种商品原料的添加量，数据填入 F2: F22。

第四步：选择适宜的载体，确定其用量。根据复合预混料总添加量（规格）计算载体添加量。复合预混料总添加量为 2%，即 20 000 mg/kg，将总添加量输入 F24。在 F23 单元格输入公式：＝SUM（F2: F22），按回车键得出以上所有商品盐总添加量，在 F25 格输入公式：＝F24－F23，按回车键得出载体添加量。

	A	B	C	D	E	F	G	H
1	添加剂	需要量/(mg·kg⁻¹)	添加剂原料	元素含量/%	纯度/%	商品原料量/(mg·kg⁻¹)	预混料中/%	预混料/(kg·t⁻¹)
2	铁	130	$FeSO_4·7H_2O$	19.7	98.0	673.37	3.37	33.67
3	铜	12	$CuSO_4·5H_2O$	25.1	98.5	48.54	0.24	2.43
4	锰	80	$MnSO_4·H_2O$	31.8	98.0	256.71	1.28	12.84
5	锌	90	$ZnSO_4·7H_2O$	22.0	97.3	420.44	2.10	21.02
6	碘	0.35	KIO_3	58.7	99.0	0.60	0.00	0.03
7	硒	0.15	$NaSeO_3$	44.7	98.0	0.34	0.00	0.02
8	VA	0.9	维生素A乙酸酯微粒	95	100	0.95	0.005	0.05
9	VD	0.01	维生素D3（微粒）	90	100	0.01	0.000	0.00
10	VE	20	DL-α-生育酚乙酸酯（粉）	50	99	40.40	0.202	2.02
11	VK	10	亚硫酸氢钠甲萘醌	50	99	20.20	0.101	1.01
12	B1	3.6	盐酸硫胺	98	99	3.71	0.019	0.19
13	B2	7.2	核黄素	96	99	7.58	0.038	0.38
14	B3	20	D-泛酸钙	99	99	20.41	0.102	1.02
15	B4	1300	氯化胆碱	50	99	2626.26	13.131	131.31
16	B5	70	烟酸	99	100	70.71	0.354	3.54
17	B6	7	盐酸吡哆醇	98	100	7.14	0.036	0.36
18	B7	0.3	2%d-生物素	2	100	15.00	0.075	0.75
19	B11	1.1	叶酸	95	100	1.16	0.006	0.06
20	B12	0.02	维生素B12（氰钴胺）粉剂	90	100	0.02	0.0001	0.001
21	壳寡糖	5800	大连中科格莱克生物科技有限公司	100	100	5800.00	29.00	290.00
22	酶制剂	120	珠海溢多利公司	100	100	120.00	0.60	6.00
23	小计					10133.55	50.67	506.68
24	总添加量	2%				20000	100.00	1000.00
25	载体					9866.45	49.33	493.32

图 1－16　肉鸡复合预混料配方计算电子表图

第五步：列出配方。在 G2 格输入公式：＝F2/20000，按回车键得出复合预混料中各商品原料及载体的百分含量，以此类推计算出各种商品原料的添加量，数据填入 G2: G25。在 H2 格输入公式：＝G2＊10，按回车键得出每吨全价料中复合预混料添加剂添加量（kg），以此类推计算出各种商品原料的添加量，数据填入 H2: H25。具体配方见表 1－19。

表 1－19　肉鸡复合预混料配方

添加剂原料	每吨全价料用量/g	百分比/%	预混料用量/$(kg·t^{-1})$
$FeSO_4·7H_2O$	673.37	3.37	33.67
$CuSO_4·5H_2O$	48.54	0.24	2.43
$MnSO_4·H_2O$	256.71	1.28	12.84

续上表

添加剂原料	每吨全价料用量/g	百分比/%	预混料用量/($kg \cdot t^{-1}$)
$ZnSO_4 \cdot 7H_2O$	420.44	2.10	21.02
KIO_3	0.60	0.00	0.03
$NaSeO_3$	0.34	0.00	0.02
维生素A乙酸酯微粒	0.95	0.005	0.05
维生素D3（微粒）	0.01	0.000	0.00
DL－α－生育酚乙酸酯（粉）	40.40	0.202	2.02
亚硫酸氢钠甲萘醌（维生素K3）	20.20	0.101	1.01
盐酸硫胺	3.71	0.019	0.19
核黄素	7.58	0.038	0.38
D－泛酸钙	20.41	0.102	1.02
氯化胆碱	2626.26	13.131	131.31
烟酸	70.71	0.354	3.54
盐酸吡哆醇	7.14	0.036	0.36
2% d－生物素	15.00	0.075	0.75
叶酸	1.16	0.006	0.06
维生素B12（氰钴胺）粉剂	0.02	0.0001	0.001
壳寡糖（大连中科格莱克生物科技有限公司）	5800.00	29.00	290.00
酶制剂（珠海溢多利公司）	120.00	0.60	6.00
载体	9866.45	49.33	493.32
合计	20000	100.00	1000.00

（六）复合预混料配制注意事项

在制作复合预混料时，防止和减少有效成分损失，保证预混料的稳定性和有效性是十分必要的。

（1）必须加大载体和稀释剂的用量，一般复合预混料在全价配合饲料的用量为1%～5%。

（2）选择稳定性好的原料。

（3）注意抗氧化剂的添加；把握维生素用量。

（4）控制氯化胆碱在预混料中的添加。

（5）降低预混料的含水量，最好不超过5%。

（6）掌握各种微量组分间的关系等。

第四节　全混合日粮配方设计

为了节约劳动力，便于机械化管理，维持奶牛的健康，节约饲料成本，改善奶牛的产乳性能，越来越多的牛羊场采用全混合日粮（TMR，total mixed ration）饲喂牛群。所谓“TMR”，就是根据反刍动物所需要的粗蛋白质、能量、粗纤维、矿物质和维生素等，把揉碎的粗料、精料和各种添加剂进行充分混合，得到营养平衡的全混合日粮。以充分发挥瘤胃机能、提高饲料利用率为前提，尽可能地利用当地的饲料资源，降低饲粮成本。

实验八　肉牛全混合日粮配方设计

（一）实验目的

通过本实验了解肉牛的生理特点，掌握肉牛日粮配方设计特点，确定配方使用原料要求，注重各精粗料搭配、营养平衡，确定好各品种各阶段不同的营养需求，学会肉牛全混合日粮的配方设计。

（二）实验材料

肉牛饲料的原料营养成分值、肉牛的饲养营养需要或饲料标准、Excel 2003 以上版本电子表格。

（三）实验步骤

第一步：依据肉牛各阶段的生理特征，确定所设计阶段的饲料配方设计特点。

第二步：确定肉牛主要养分需要量及其日粮营养标准。

第三步：将粗精料原料价格、粗饲料的所占比例、精料原料用量限定及其各原料营养成分值填入 Excel 表中，运用 Excel 规划求解，获得肉牛全混合日粮配方结果。

第四步：结果审定及其使用说明。

（四）实验实例

选用蒸煮压片玉米、麦麸、磷酸氢钙、石粉、食盐，碳酸氢钠、尿素、1.0% 肉牛育肥期预混料等原料，设计 300 kg 育肥牛日增重 1.2 kg 的肉牛全混合日粮配方，饲用日粮中粗饲料为苜蓿干草，精粗料干物质比例为 70∶30。

（1）根据中国肉牛饲养标准（NY/T815—2004），确定 300 kg 育肥牛每日增重 1.2 kg 肉牛各养分需要量。根据饲养标准每日需要量折算成日粮含 87% 干物质的营养标准，见表 1－20。

表 1-20 肉牛全混合日粮养分需要量及其日粮营养标准

营养成分	干物质/kg	综合净能 NE mf/(kJ·kg^{-1})	粗蛋白/g	粗纤维/g	钙/g	磷/g
日需要量	7.64	42 000	850	760	38	19
全混合日粮	日粮/kg	综合净能 NE mf/(kJ·kg^{-1})	$w_{粗蛋白}$/%	$w_{粗纤维}$/%	$w_{钙}$/%	$w_{磷}$/%
营养标准	8.8	4783	9.68	8.65	0.43	0.22

（2）了解肉牛不同生长阶段精粗饲料喂量要求，确定300 kg肉牛采食30%的粗饲料，确定占总日粮配比30.0%。将日粮中添加的各粗精料饲料营养成分、原料用量限制、市场价格等填入Excel表中，按照全价日粮类似Excel规划求解法计算肉牛全混合日粮配方。

（3）列出所设计肉牛育肥期全混合日粮配方，具体见表1-21。

表 1-21 肉牛育肥期全混合日粮饲料配方

饲料原料	苜蓿干草	压片玉米	麦麸	磷酸氢钙	石粉	盐	碳酸氢钠	尿素	预混料
配合比例/%	30.0	46	20.0	0.5	1.0	0.5	0.5	0.5	1.00

实验九 肉羊全混合日粮配方设计

（一）实验目的

通过本实验了解肉羊的生理特点，掌握肉羊日粮配方设计特点，确定配方使用原料要求，注重各精粗料搭配、营养平衡，确定好各品种各阶段不同的营养需求，学会肉羊全混合日粮的配方设计。

（二）实验材料

肉羊饲料的原料营养成分值、肉羊的饲养营养需要或饲料标准、Excel 2003以上版本电子表格。

（三）实验步骤

1. 明确营养需要量

根据羊的品种、经济类型、生长发育阶段、生产性能等条件，确定营养指标及需要量。

2. 选择饲料原料

在充分调查和了解当地饲料原料生产和供应情况、饲料价格等的基础上，本着“因地制宜、就地取材、经济实用”的原则，选择饲料原料并确定其营养成分及含量。

3. 确定青粗饲料用量

根据干物质需要量、青粗饲料营养特性、青粗饲料资源状况及价格等，确定粗饲料比例及各种粗饲料用量，并计算青饲料、粗饲料及青贮饲料的营养物质提供量。

4. 确定精饲料用量

从特定生理状态下羊营养物质总需要量中扣除青饲料、粗饲料、青贮饲料等提供的营养物质量，作为精饲料需要提供的营养量，然后以此为依据计算各种精饲料用量。

5. 确定矿物质及饲料添加剂用量

根据青饲料、粗饲料、精饲料等提供的矿物质数量，计算并确定矿物质饲料用量。

6. 列出配方并计算营养水平

根据各种饲料实际用量，换算出百分比配方或每批次各饲料用量，并计算日粮营养水平。

（四）实验实例

现有玉米、麸皮、豆粕、棉籽粕、玉米秸、花生秧、全株玉米青贮、食盐及1%复合预混料，为体重30 kg、预期日增重200 g的育肥绵羊设计全混合日粮配方。

1. 确定营养需要量

从肉羊饲养标准（NY/T 816—2004）中查得体重30 kg、预期日增重200 g的育肥绵羊的营养需要量如表1－22所示。

表1－22　体重30 kg、预期日增重200 g的育肥绵羊的营养需要量

干物质自由采食量(DMI)/($kg\cdot d^{-1}$)	消化能（DE）/($MJ\cdot d^{-1}$)	粗蛋白（CP）/($g\cdot d^{-1}$)	钙（Ca）/($g\cdot d^{-1}$)	磷（P）/($g\cdot d^{-1}$)	氯化钠（NaCl）/($g\cdot d^{-1}$)
1.1	15.0	178.0	3.6	3.0	8.6

2. 选择饲料原料和确定其营养成分含量

由肉羊常用饲料成分与营养价值表查得各饲料的营养成分含量如表1－23所示。

表1－23　各饲料的营养成分含量

饲料	干物质(DM)/%	DE/($MJ\cdot kg^{-1}$)	w_{CP}/%	w_{Ca}/%	w_{P}/%
玉米秸	90.00	5.83	5.90	—	—
花生秧	91.30	9.48	11.00	2.46	0.04
全株玉米青贮	23.00	2.21	2.80	0.18	0.05
玉米	86.00	14.27	8.70	0.02	0.27
麸皮	87.00	12.10	14.30	0.10	0.93
豆粕	89.00	14.27	44.00	0.33	0.62
棉籽粕	90.00	12.47	43.50	0.28	1.04

3. 确定粗饲料用量并计算营养物质提供量

一般来讲，育肥绵羊日粮中粗饲料应占日粮干物质的30%～50%，后备种羊及育成羊应占60%以上。若按粗饲料提供干物质60%，粗饲料干物质中全株玉米青贮占60%、花生秧和玉米秸各占20%计，则各种粗饲料用量及其提供的营养成分量如表1－24所示。

表1－24 各种粗饲料用量及其提供的营养成分量

粗饲料	用量②/kg	DM①/kg	DE③/MJ	CP③/g	Ca③/g	P③/g
全株玉米青贮	1.722	0.396	3.806	48.216	3.100	0.861
花生秧	0.145	0.132	1.375	15.950	3.567	0.058
玉米秸	0.147	0.132	0.857	8.673	—	—
合计	2.014	0.660	6.038	72.839	6.667	0.919
标准		1.100	15.000	178.000	3.600	3.000
与标准相差		－0.440	－8.962	－105.161	＋3.067	－2.081

注：① 以“DMI×60%×粗料中设定比例”计算；② 以“①/原料干物质含量”计算；③ 以“②×各营养成分含量”计算。

4. 计算精饲料用量及其营养成分提供量

计算精饲料用量时，首先应满足干物质需要量，然后再考虑各种营养物质数量。在营养指标中，考虑的顺序依次为：DE→CP→P→Ca→NaCl。由表1－24可知，青粗饲料可提供饲料干物质0.660 kg，而体重30 kg、预期日增重200 g的育肥绵羊每天干物质的总需要量为1.100 kg，尚缺0.440 kg。因此，混合精料应提供的干物质数量为0.440 kg。若按干物质中玉米占60%、麸皮占10%、豆粕占10%、棉籽粕占20%计，各种精饲料用量及其提供的养分量如表1－25所示。

表1－25 各种精饲料用量及其提供的营养成分量

精饲料	用量/kg	DM①/kg	DE/MJ	CP/g	Ca/g	P/g
玉米	0.307	0.264	4.381	26.709	0.061	0.829
麸皮	0.051	0.044	0.617	7.293	0.051	0.474
豆粕	0.049	0.044	0.699	21.560	0.162	0.304
棉籽粕	0.098	0.088	1.222	42.630	0.274	1.019
合计	0.505	0.440	6.919	98.192	0.548	2.626
需精料补充	—	0.440	8.962	105.161	－3.067	2.081
差值	—	0.000	－2.043	－6.969	＋3.615	＋0.545

注：① 以“0.440×精料中设定比例”计算。

分析表1－25可知，上述日粮配方中，除了消化能和粗蛋白不能满足需要外，其余指标均符合或超过需要量。若用玉米补充目前尚缺乏的消化能，需要额外添加玉米0.143（2.043/14.270）kg，0.143 kg的玉米可提供粗蛋白12.441 g，因此粗蛋白也能满足需要。

5. 确定矿物质及饲料添加剂用量

食盐按每日需要量添加即可。微量元素及维生素等微量营养成分可以添加剂预混料补充。添加剂预混料的添加量一般以风干物质确定，实际生产中风干饲料中干物质的含量可以90%计，添加剂预混料的用量为0.012（1.100/90%×1%）kg。

6. 列出配方并计算日粮营养水平

经上述计算可知，体重 30 kg、预期日增重 200 g 的育肥绵羊每天的日粮组成见表 1 – 26。

表 1 – 26 体重 30 kg、预期日增重 200 g 的育肥绵羊每天的日粮组成

饲料	用量/g	配合比例①/%
全株玉米青贮	1722.0	64.19
花生秧	145.0	5.41
玉米秸	147.0	5.48
玉米	450.0	16.77
麸皮	51.0	1.9
豆粕	49.0	1.83
棉籽粕	98.0	3.65
添加剂预混料	12.0	0.45
食盐	8.6	0.32
合计	2682.6	100

注：① 表示用各种原料的用量除以总用量所占百分比。

经验算，该配方含：DM 45.71%，DE 5.60MJ/kg，CP 6.88%，Ca 0.27%，P 0.15%。

实际生产中，为了配料方便，通常还需将百分比配方换算成每批次混合时的实际添加量。若某羊场现用全混合日粮搅拌机每批次混合 500 kg，则每批次各种原料的实际添加量均可用各种原料的百分比乘以 500 计算。

思考题

1. 肉用鸡饲料配方设计应考虑的因素有哪些？
2. 蛋用鸡不同时期饲料配方各有哪些特点？
3. 浓缩饲料配方设计的基本原则是什么？
4. 预混料配方设计的一般方法和步骤是什么？
5. 对预混料的载体和稀释剂的选用有哪些要求？
6. 设计复合饲料添加剂配方应注意哪些问题？
7. 全混合日粮（TMR）的概念是什么？应用时有何优势和劣势？
8. 根据肉牛的生理特点及其营养标准，选择适宜的原料，设计 400 kg 肉牛育肥期日增重 1.5 kg 的全混合日粮配方，并附上使用说明。

第二章　配合饲料质量检测

配合饲料质量检测就是用一定的方法和手段测知饲料产品的质量特性，并将测定结果与要求或标准比较，以判断其质量优劣、合格与否。配合饲料质量检测，从广义上来讲包括饲料原料和配合饲料产品；其检测方法有感官检测、物理检测、化学检测及生物学检测。以下仅介绍典型的饲料原料和产品主要指标的测定方法。

第一节　能量饲料质量检测

能量饲料是指干物质中粗纤维的质量分数低于18%、粗蛋白的质量分数低于20%的饲料。这类饲料包括禾谷类籽实、糠麸类、块根块茎瓜果类、糖蜜类、动植物油脂类和乳糖等。该类饲料在畜禽饲料中所占比例较大，一般在50%以上，是畜禽重要的能量来源。饲用油脂是重要的能量饲料，在使用时一定要注意油脂的品质，尤其是酸价和酸度。目前我国已制定了饲用鱼油的质量标准（饲料用鱼油 SCT3504—2006），明确了有关感官特性和理化指标的要求，并已明确相关指标的检测标准，其中部分指标引用食品油脂质量鉴定的国家标准。以下为油脂质量鉴定的部分方法，供不同院校选择性使用。

实验十　饲用油脂感官及新鲜度检测

（一）实验目的

练习和掌握鱼油样品感官指标和新鲜度定性检测。

（二）实验方法与原理

通过观察油脂的透明度和颜色可感官判断其质量。新鲜度定性检测采用间苯三酚法定性检验方法。油脂酸败时产生醛、酮等分解产物。环氧丙醛即是其中较普遍的一种产物，环氧丙醛以缩醛的形式存在，此物质在盐酸作用下即可释放出来，与间苯三酚作用生成桃红色化合物。通过产物颜色的变化判断油脂新鲜度。

（三）实验材料

1. 试剂

（1）间苯三酚试纸：将普通滤纸用0.1%间苯三酚乙醚溶液浸湿，晾干，剪成20 mm ×4 mm条状，贮于棕色瓶中。

（2）浓盐酸。

（3）碳酸钙或大理石粒（直径2 mm）。

（4）鱼油样品。

2. 仪器

（1）100 mL 锥形瓶；装有玻璃管的橡皮塞。

（2）100 mL 烧杯，直径 25 mm 试管。

（3）水浴锅。

（四）操作方法

1. 感官

（1）外观。将鱼油样品充分摇动、混合均匀（室温低于 20℃，应先将样品加热到 20℃），取适量于直径 25 mm 的试管中，在光线明亮处检查其外观。

（2）气味。取鱼油试样 50 mL 注入 100 mL 烧杯中，加温至 50℃用玻璃棒边搅边闻气味。

2. 饲用油脂新鲜度定性检测

取水浴融化的油脂 5 mL，置于锥形瓶中，加浓盐酸 5 mL，摇匀，立即加碳酸钙一小匙，快速盖上插有玻璃管的橡皮塞（玻璃管的下端事先装入间苯三酚试纸条），30 ～ 40℃ 水浴 20 min 后，观察试纸的颜色变化。

（五）结果

（1）外观是否透明，是否有异味。

（2）试纸条若显桃红色，即油脂已酸败；试纸条若显黄色或微橙色，为阴性反应。

实验十一　饲用油脂水分及挥发物检测

一、沙浴（电热板）法

（一）实验方法

采用 GB5009. 236—2016 方法。在 103℃ ±2℃的条件下，对测试样品进行加热至水分及挥发物完全散尽，测定样品损失的质量。

（二）仪器和设备

（1）分析天平：感量 0. 001g。

（2）碟子：陶瓷或玻璃的平底碟，直径 80 mm 或 90 mm，深约 30 mm。

（3）温度计：刻度范围至少为 80℃，长约 100 mm 水银球加固，上端具有膨胀室。

（4）沙浴或电热板（室温至 150℃）。

（5）干燥器：内含有效的干燥剂。

（三）实验步骤

1. 试样制备

在预先干燥并与温度计一起称量的碟子中，称取试样约 20 g，精确至 0. 001 g。

液体样品：对于澄清无沉淀物的液体样品，在密闭的容器中摇动，使其均匀。对于有浑浊或有沉淀物的液体样品，在密闭的容器中摇动，直至沉淀物完全与容器壁分离，并均匀地分布在油体中。检查是否有沉淀物吸附在容器壁上，如有吸附，应完全清除（必要时打开容器），使它们完全与油混合。

固体样品：将样品加热至刚变为液体，按液体试样操作，使其充分混匀。

2. 试样测定

将装有测试样品的碟子在沙浴或电热板上加热至90℃，升温速率控制在10℃/min左右，边加热边用玻璃棒搅拌。

降低加热速率，观察碟子底部气泡的上升，控制温度上升至103℃±2℃，确保不超过105℃。继续搅拌至碟子底部无气泡放出。

为确保水分完全散尽，重复数次加热至103℃±2℃、冷却至90℃的步骤，将碟子和温度计置于干燥器中，冷却至室温，称量，精确至0.001 g。重复上述操作，直至连续两次结果的差值不超过2 mg。

（四）分析结果的表述

水分及挥发物含量（X）以质量分数表示，按下式计算：

$$X = \frac{m_1 - m_2}{m_1 - m_0} \times 100\% \tag{2-1}$$

式中 X——水分及挥发物含量，%；

m_1——加热前碟子、温度计和测试样品的质量，g；

m_2——加热后碟子、温度计和测试样品的质量，g；

m_0——碟子和温度计的质量，g。

计算结果保留两位小数。

（五）精密度

在重复性条件下获得的两次独立测定结果的绝对差值不得超过算术平均值的10%。

二、电热干燥箱法

（一）实验方法

采用GB5009.236—2016方法。在103℃±2℃的条件下，对测试样品进行加热至水分及挥发物完全散尽，测定样品损失的质量。

（二）仪器和设备

（1）分析天平：感量0.001 g。

（2）玻璃容器：平底，直径约50 mm，高约30 mm。

（3）电热干燥箱：主控温度103℃±2℃。

（4）干燥器：内含有效的干燥剂。

（三）实验步骤

1. 试样准备

在预先干燥并称量的玻璃容器中，根据试样预计水分及挥发物含量，称取 5 g 或 10 g 试样，精确至 0.001 g。

2. 试样测定

将含有试样的玻璃容器置于 103℃ ±2℃的电热干燥箱中 1 h，再移入干燥器中，冷却至室温，称量，准确至 0.001 g。重复加热、冷却及称量的步骤，每次复烘时间为30 min，直到连续两次称量的差值根据测试样品质量的不同，分别不超过 2 mg（5 g 样品时）或 4 mg（10 g 样品时）。

注：重复加热多次后，若油脂样品发生自动氧化导致质量增加，可取前几次测定的最小值计算结果。

（四）分析结果的表述

水分及挥发物含量（X）以质量分数表示，按下式计算：

$$X = \frac{m_1 - m_2}{m_1 - m_0} \times 100\% \tag{2-2}$$

式中　X——水分及挥发物含量，%；

m_1——加热前玻璃容器和测试样品的质量，g；

m_2——加热后玻璃容器和测试样品的质量，g；

m_0——玻璃容器的质量，g。

计算结果保留两位小数。

（五）精密度

在重复性条件下获得的两次独立测定结果的绝对差值不得超过算术平均值的 10%。

实验十二　饲用油脂酸价和酸度测定

一、油脂酸价的测定（GB/T 5530—2005）

（一）实验目的

掌握油脂酸价和酸度的测定原理和方法。

（二）热乙醇测定法

1. 实验原理

酸价（acid value）是指中和 1.0 g 油脂中游离脂肪酸所需的氢氧化钾的毫克数。同一油脂，酸价高表明油脂因水解而产生的游离脂肪酸多，可直接说明油脂的新鲜度和质量的优劣。试样溶解在热乙醇中，用氢氧化钠或氢氧化钾水溶液滴定。

2. 仪器名称及需要量

做两个测定所需仪器数量如下：

（1）10 mL 微量滴定管，最小刻度 0.02 mL，两支；

（2）感量为 0.0001 g 的分析天平，1 架；

（3）150 mL 三角瓶，两个；

（4）200 mL 烧杯，两个。

3. 药品名称及需要量

做两个测定所需药品如下：

（1）95% 乙醇（化学纯），100 mL；

（2）0.1 mol/L 或 0.5 mol/L 的氢氧化钠或氢氧化钾溶液，50 mL；

（3）20 g/L 的碱性蓝 6B 或百里酚酞，10 mL（20 g 碱性蓝 6B 或百里酚酞溶解于 1 L 95% 乙醇溶液中，百里酚酞适用于深色油脂）；

（4）10 g/L 的酚酞指示剂，10 mL（10 g 酚酞溶解于 1 L 的 95% 乙醇溶液中。在测定颜色较深的样品时，每 100 mL 酚酞指示剂溶液，可加入 1 mL 的 0.1% 次甲基蓝溶液观察滴定终点）。

4. 实验步骤

根据样品的颜色和估计的酸值按表 2－1 所示称样，装入锥形瓶中。

表 2－1 试样取样量

预计酸价	试样量/g	试样称重的准确值/g
<1	20	0.05
1～4	10	0.02
4～15	2.5	0.01
15～75	0.5	0.001
>75	0.1	0.0002

注：试样的量和滴定液的浓度应使得滴定液的用量不超过 10 mL。

将含有 0.5 mL 酚酞指示剂的 50 mL 乙醇溶液置入锥形瓶中，加热至沸腾，当乙醇的温度高于 70℃ 时，用 0.1 mol/L 的氢氧化钠或氢氧化钾标准滴定溶液滴定至溶液变色，并保持溶液 15 s 不褪色，即为终点。

当油脂颜色深时，需加入更多量的乙醇和指示剂。

将中和后的乙醇转移至装有测试样品的锥形瓶中，充分混合，煮沸。用氢氧化钠或氢氧化钾标准滴定溶液滴定，滴定过程中要充分摇动。至溶液颜色发生变化，并且保持 15 s 不褪色，即为滴定终点。

（三）冷溶剂法

本方法适用于浅色油脂。

1. 实验原理

试样溶解于混合溶剂中，用氢氧化钾乙醇溶液滴定。

2. 仪器名称及需要量

做两个测定，所需仪器数量如下：

（1）5 mL 或 10 mL 的移液管，两支；

（2）感量为 0.0001 g 的分析天平，1 架；

（3）150 mL 的三角瓶，两个；

（4）200 mL 烧杯，4 个。

3. 试剂配制

（1）乙醚和 95% 乙醇（体积比 1∶1）。

警告：乙醚极易燃，并能生成爆炸性过氧化物，使用时必须特别谨慎。

使用前，每 100 mL 混合溶剂中加入 0.3mL 酚酞溶液，用氢氧化钾乙醇溶液准确中和。

（2）氧氧化钾乙醇标准溶液：$c(KOH) = 0.1$ mol/L（溶液 A）或 $c(KOH) = 0.5$ mol/L（溶液 B）。

可以用氢氧化钾或氢氧化钠水溶液代替氢氧化钾或氢氧化钠的乙醇溶液，但加入水溶液的量不得造成滴定液两相分离。

溶液 A：称氢氧化钾 7 g，溶解于 1000 mL 的乙醇溶液中。

溶液 B：称氢氧化钾 35 g，溶解于 1000 mL 的乙醇溶液中。

标定溶液 A：称取含量大于 99.9% 的苯甲酸 0.15 g，准确至 0.0002 g。装入 150 mL 锥形瓶中，用 50 mL 的 4-甲基-2-戊酮溶解。

标定溶液 B：称取含量大于 99.9% 的苯甲酸 0.75 g，准确至 0.0002 g。装入 150 mL 锥形瓶中，用 50 mL 的 4-甲基-2-戊酮溶解。

标定溶液 A 或溶液 B 都需要插入 pH 计，启动搅拌器，用氢氧化钾溶液滴定至等电点。氢氧化钾溶液浓度 c(mol/L)，按下式计算：

$$c = \frac{100 \times m_0}{122.1 \times V_0} \qquad (2-3)$$

式中　m_0——所用苯甲酸的质量，g；

V_0——滴定所用氢氧化钾溶液的体积，mL；

122.1——苯甲酸的摩尔质量的数值，g/mol。

至少应在使用前 5 d 配制溶液，保存在带橡胶塞的棕色瓶中，橡胶塞需配有温度计，用来校正温度。溶液应为无色或浅黄色。如果瓶子与滴定管连接，应有防止二氧化碳进入的措施。可在瓶塞上连接一个充满碱石灰的管子。

（3）稳定、无色的氢氧化钾溶液配制：1000 mL 乙醇与 8 g 氢氧化钾和 0.5 g 铝片，煮沸回流 1 h 后立即进行蒸馏，在馏出液中溶解需要量的氢氧化钾，静置几天后，慢慢倒出上层清液，弃去碳酸钾沉淀。也可用非蒸馏法制备溶液：添加 4 mL 丁酸铝至 1000 mL 乙醇中，静置几天后，慢慢倒出上层清液并溶入所需的氢氧化钾。配好的溶液需进行标定。

注：氢氧化钾或氢氧化钠标准溶液的配制和标定，也可按照国家标准 GB/T 601—2002 执行。

（4）酚酞指示剂：10 g/L，10 g 的酚酞溶解于 1 L 的 95% 乙醇溶液中。

注：在测定颜色较深的样品时，每 100 mL 酚酞指示剂溶液，可加入 1 mL 的 0.1% 次甲基蓝溶液观察滴定终点。

（5）碱性蓝 6B 或百里酚酞（适用于深色油脂）：20 g/L，20 g 碱性蓝 6B 或百里酚酞溶解于 1L 的 95% 乙醇溶液中。

4. 实验步骤

（1）根据估计的酸值，按表 2 - 2 所示，采用足够的样品量。称样装入 250 mL 锥形瓶中。

（2）将样品溶解在 50 ~ 150 mL 预先中和过的混合溶剂中。用氢氧化钾溶液边摇动边滴定，直到指示剂显示所描述的终点。

（3）在酸值 <1 时，溶液中需缓缓通入氮气流。

（4）滴定所需 0.1 mol/L 氢氧化钾溶液（溶液 A）体积超过 10 mL 时，改用 0.5 mol/L。滴定中溶液发生浑浊可补加适量混合溶剂至澄清。

表 2 - 2　表示酸度的脂肪酸类型

油脂的种类	表示的脂肪酸	
	名 称	摩尔质量/($g \cdot mol^{-1}$)
椰子油、棕榈仁油及类似的油	月桂酸	200
棕榈油	棕榈酸	256
从某些十字花科植物得到的油	芥酸	338
所有其他油脂	油酸	282

注：如果结果仅以“酸度”表示，没有进一步的说明，通常为油酸。当样品含有矿物酸时，通常按脂肪酸测定。芥酸含量低于 5% 的菜籽油，酸度仍用油酸表示。

（四）结果计算

1. 酸价的计算

$$w(\text{mg(KOH)/g}) = \frac{V \times c \times 56.11}{m} \qquad (2-4)$$

式中 w——酸价；

V——所用氢氧化钾溶液体积，mL；

c——所用氢氧化钾标准滴定溶液的准确浓度，mol/L；

m——试样质量，g；

56.11——与 1 mL 1 mol/L 氢氧化钾溶液相当的脂肪酸的质量，mg。

2. 酸度的计算

根据脂肪酸的类型，酸度以质量分数表示，数值以 10^{-2} 或% 计，按下式计算：

$$酸度 = \frac{V \times c \times M}{10 \times m} \times 100\% \qquad (2-5)$$

式中 V——所用氢氧化钾溶液体积，mL；

c——所用氢氧化钾标准滴定溶液的准确浓度，mol/L；

M——表示结果所用脂肪酸的摩尔质量，g/mol；

m——试样质量，g。

（五）重复性

在很短的时间间隔内，在同一实验中，由同一操作者，使用相同仪器，采用相同方法，检测同一份样品，测出两个独立的结果。当酸度小于或等于3%时，两次测试结果的绝对差值不应大于其平均值的3%；当酸度大于3%时，两次测试结果的绝对差值不应大于其平均值的1%。

（六）再现性

在不同的实验室，由不同的操作者，使用不同的仪器，采用相同的方法，检测同一份样品，测出两个独立的结果。当酸度小于或等于3%时，两次测试结果的绝对差值不应大于其平均值的15%；当酸度大于3%时，两次测试结果的绝对差值不应大于其平均值的5%。

实验十三 饲料中油脂皂化值的测定

（一）实验方法

采用国标GB/T 34271—2017方法，用石油醚提取样品中的油脂，在回流条件下将该油脂和氢氧化钾-乙醇溶液一起煮沸皂化，以碱性蓝6B为指示剂，用盐酸标准溶液滴定过量的氢氧化钾。

（二）试剂和材料

除非另有规定，在分析中仅使用确认为分析纯的试剂和符合GB/T 6682中规定的三级用水。

（1）石油醚：沸程30～60℃。

（2）金刚砂或玻璃细珠。

（3）乙醇：95%。

（4）氢氧化钾-乙醇溶液（0.05 mol/L）：称取2 g氢氧化钾置于聚乙烯容器中，用1000 mL 95%乙醇溶解，密闭放置24 h。取上清液至另一聚乙烯容器中。

（5）盐酸标准溶液Ⅰ：$c(HCl)=0.5$ mol/L，按GB/T 601制备和标定。

（6）盐酸标准溶液Ⅱ：$c(HCl)=0.05$ mol/L，准确移取100 mL盐酸标准溶液Ⅰ，将水煮沸15 min后冷却，用此无二氧化碳水定容至1000 mL，现配现用。

（7）碱性蓝6B指示剂（20 g/L）：称取2g碱性蓝6B溶于100 mL 95%乙醇中。

（8）盐酸：c(HCl) = 3 mol/L。

（9）滤器辅料：硅藻土，在盐酸［c(HCl) = 6 mol/L］中消煮 30 min，用水洗至中性，然后在 130℃下干燥。

（三）仪器和设备

（1）实验室常用设备。

（2）提取套管：无脂肪和油，用乙醚洗涤。

（3）索氏提取器：虹吸容积约 100 mL，或用其他循环提取器。

（4）加热装置：有温度控制装置，不作为火源。

（5）电热真空箱：温度能保持在（80 ± 2）℃。

（6）分析天平：感量 0.0001 g。

（7）锥形瓶：容量 250 mL，带有磨口。

（8）回流冷凝管：带有连接锥形瓶的磨玻璃接头。

（四）试样的制备

按 GB/T 14699.1 规定，将实验室风干样粉碎，全通过 0.9 mm 孔径标准筛，混合，装入清洁的广口瓶内密封避光保存，备用。

（五）实验步骤

1. 水解

按照 GB/T 6423 要求，纯动物性饲料，包括乳制品；脂肪不经水解不能提取的纯植物性饲料，如谷蛋白、酵母、大豆及马铃薯蛋白以及加热处理的饲料；含有一定数量加工产品的配合饲料，其脂肪含量至少有 20% 来自这些加工产品，样品提取前需要水解。其他样品直接按步骤 2 操作。

称取 0.5 ～5 g 试样（精确到 0.0001 g）于锥形瓶中，按 GB/T 6433 规定进行水解。按提取套管放入干燥器内冷却至室温然后按步骤 2 进行操作。

2. 称样

称取 0.5 ～5 g 试样（精确到 0.0001 g），放入 80℃的电热真空箱内干燥 120 min，取出，放入干燥器内冷却至室温。转移至提取套管中并用一小块脱脂棉覆盖。对于非纯油脂样品，按照步骤 3 操作，对于纯油脂样品，按照步骤 4 操作。

3. 提取

加入 150 mL 石油醚于干燥的锥形瓶中，并与索氏提取器连接，将套管置于索氏提取器中并放入加热装置中，调节加热装置使温度至约 70℃，控制回流速度每秒至少 5 滴，提取 8 h，收集石油醚提取物，取下锥形瓶，蒸馏除去残留溶剂。

4. 皂化

准确移取 25.00 mL 氢氧化钾 – 乙醇溶液，加到上述含提取物的锥形瓶中，连接回流冷凝管，并将锥形瓶放在 75℃的加热装置中，回流 120 min。

5. 测定

加 3 ～ 5 滴碱性蓝 6B 指示剂于热溶液中，对于非纯油脂药品，用盐酸标准液Ⅱ滴定至溶液呈蓝色为终点。对于纯油脂样品，用盐酸标准溶液Ⅰ滴定至溶液呈蓝色为终点。

6. 空白试验

空白试验需与测定平行进行，用同样的方法和试剂，但不加试样。

当滴定试样所用盐酸的用量小于空白试验所用盐酸标准溶液用量的 1/3 时，则应减少称样量，重新测定。

（六）结果计算

（1）试样中油脂的皂化值以氢氧化钾（KOH）质量分数 w（mg/g）计，按下式计算：

$$w = \frac{(V_0 - V_1) \times c}{m} \times M \qquad (2-6)$$

式中 c ——盐酸标准溶液的浓度，mol/L；

V_0——空白试验滴定消耗的盐酸标准溶液体积，mL；

V_1——试样滴定消耗的盐酸标准溶液体积，mL；

m ——试样的质量，g；

M ——氢氧化钾的摩尔质量的数值，g/mol（$M = 56.1$）。

测定结果用平行测定的算术平均值表示，计算结果表示到小数点后两位。

（2）重复性：在重复性测定条件下获得的两次平行测试结果的绝对差值不大于算术平均值的 10%。

第二节 蛋白质饲料质量检测

蛋白质饲料是指干物质中粗蛋白质含量大于或等于 20%、粗纤维含量小于 18% 的饲料。蛋白质饲料可分为植物性蛋白质饲料、动物性蛋白质饲料、单细胞蛋白质饲料和非蛋白氮饲料。这类饲料营养丰富，特别是蛋白质丰富，粗纤维含量低，可消化养分多，能值较高，是配合饲料的重要原料之一。

大豆制品是营养价值很高的蛋白质饲料。饲料中常用的大豆制品有大豆饼（粕）及膨化大豆。大豆制品中含有多种抗营养因子，如胰蛋白酶抑制因子、血凝素、皂甙等，可导致其蛋白质适口性下降、生物学价值降低，引发动物腹泻、胰腺肿大等。这些抗营养因子多不耐热，在大豆生产中，只要适当加热就可使其灭活，在大豆中的残留量大大减少。但大豆制品在榨油或浸提过程中，如果加热不足，则会使其中的抗营养因子破坏较少；而过度加热，会使大豆中的氨基酸被破坏，蛋白质消化率下降，生物学价值降低。为此，在大豆制品的加工生产过程中，保证适宜的加热温度，既可使大部分抗营养因子灭活，又不致使蛋白质变性是非常重要的。

由于大豆制品中的脲酶活性与抗胰蛋白酶活性呈正相关，而且测定方法简单、快速、成本低，因此，现在多采用脲酶活性这一化学指标来判断大豆制品的生熟度。常用的方法有试纸法、酚红法、尿素-苯酚磺试剂法、脲酶活性测定法。其中酚红法是最常用的定性测定方法，脲酶活性测定法是定量方法，是国际标准方法，也是我国现行的推荐性国家标准方法。

实验十四　大豆制品生熟度检测

一、试纸法

（一）实验原理

大豆饼粕中的尿素酶可使尿素水解释放出氨。氨呈碱性，可使溶液 pH 升高，红色石蕊试纸变成蓝色。

（二）仪器名称及需要量

（1）植物粉碎机；
（2）恒温水浴锅，两孔，1 台；
（3）天平，感量 0.01 g，1 台；
（4）具塞三角瓶，250 mL，1 个。

（三）试剂名称及需要量

（1）尿素，分析纯；
（2）石蕊试纸，红色，少许。

（四）实验步骤

取尿素 0.1 g 置于 250 mL 具塞三角瓶中。将被检试样磨细至 0.45 mm，取试样粉 0.1 g，加水 100 mL，加塞于 45℃的水浴中加热，每隔 15 min 轻轻摇晃几下，1 h 后从水浴中移出。取一条红色石蕊试纸浸入此溶液中，若试纸变蓝表示豆饼粕是生的，若试纸不变色，则说明豆饼粕是熟的。

二、酚红法

（一）实验原理

酚红指示剂在 pH 6.4～8.2 时由黄变红，大豆制品中所含的脲酶，在室温下可将尿素水解，产生氨，释放出的氨可使酚红指示剂变红，根据变红时间长短来判断脲酶活性大小。

（二）仪器名称及需要量

（1）植物粉碎机，1 台；
（2）天平，感量 0.01 g，1 台；
（3）试管，直径 1.8 cm，长 15 cm，两支。

（三）试剂名称及需要量

（1）尿素，分析纯；
（2）95%，乙醇；
（3）酚红溶液，称取 0.1 g 的酚红（分析纯）溶于 100 mL 95% 的乙醇中。

（四）实验步骤

将试样粉碎至 0.45 mm，称取 0.2 g 试样，移入试管中。加入 0.02 g 尿素及两滴酚红指示剂，再加入 20 ～ 30 mL 蒸馏水，摇动 10 s，观察溶液颜色，并记下呈粉红色的时间。

（五）尿素酶活性的测定结果判断标准

（1）1 min 内呈粉红色为活性很强，表示豆粕是生的。
（2）1 ～ 5 min 内呈粉红色为活性强，表示豆粕是生的。
（3）5 ～ 15 min 内呈粉红色为活性很弱，表示豆粕合格。
（4）15 ～ 30 min 内呈粉红色为没有活性，表示豆粕过熟。
注：通常 10 min 以上不显粉红色或红色的大豆制品，其尿素酶活性即认为合格。

三、尿素 - 苯酚磺试剂法

（一）实验原理

此法是用苯酚磺作为指示剂，按尿素转变成氨的多少及显色度，定性测定大豆饼粕中脲酶的活性。

（二）仪器名称及需要量

植物粉碎机 1 台、玻璃吸管。

（三）试剂名称及需要量

（1）尿素（分析纯）；
（2）苯酚红（分析纯）；
（3）0.2 mol/L 氢氧化钠溶液；
（4）0.1 mol/L 硫酸溶液；
（5）尿素 - 苯酚磺试剂：将 1.2 g 苯酚红溶于 30 mL 0.2 mol/L 氢氧化钠溶液中，用水稀释至300 mL，加入90 g尿素，并溶解之，用水稀释至2 L，加70 mL 0.1 molL硫酸溶液，稀释至3 L（注：配好的溶液应具有明亮的琥珀色，若溶液转变为橘红色时，应再滴加0.1 mol/L硫酸溶液，调成琥珀色）。试剂最好现用现配。

（四）实验步骤

（1）取粉碎至0.45 mm的豆饼、粕粉，均匀地平铺于培养皿中（注意薄薄地铺一层）。

（2）用吸管吸取尿素－苯酚磺试剂，小心地滴在测定的样品上，将培养皿中豆饼、粕粉全部浸湿。

（3）放置5 min后观察结果。

① 无任何红点出现，再放置25 min，若仍无红点出现，说明没有脲酶活性，是过熟豆饼粕。

② 有少数红点，或表面25%～50%被红点覆盖，表示含有微量脲酶，豆饼粕可用。

③ 豆饼粕粉表面75%～100%被红点覆盖，说明脲酶活性很强，饼粕过生，不能直接使用。

本方法脲酶活性的测定结果，只能作为大豆饼粕加热适合程度的评价指标。而对加热过度的大豆饼粕，其中的脲酶完全失去活性，所测定的结果就不能反映出受严重热处理的大豆。

实验十五　大豆制品中尿素酶活性测定

（一）实验方法

采用国标GB 8622—2006方法，将粉碎的大豆制品与中性尿素缓冲溶液混合，在30℃ ±0.5℃下精确保温30 min，尿素酶催化尿素水解产生氨的反应。用过量盐酸中和所产生的氨，再用氢氧化钠标准溶液回滴。

（二）仪器设备

（1）粉碎机：粉碎时应不生强热。

（2）样品筛：孔径200 μm。

（3）分析天平：感量0.1 mg。

（4）恒温水浴：可控温30℃ ±0.5℃。

（5）计时器。

（6）酸度计：精度0.02，附有磁力搅拌器和滴定装置。

（7）实验室常用玻璃仪器。

（三）试剂和溶液

试剂为分析纯，水应符合GB/T 6682的规定。

（1）尿素缓冲溶液（pH 7.0 ±0.1）。称取8.95 g磷酸氢二钠（$Na_2HPO_4 \cdot 12H_2O$）、

3.40 g磷酸二氢钾（KH_2PO_4）溶于水并稀释至1000 mL，再将30 g尿素溶在此缓冲液中，有效期1个月。

（2）盐酸溶液［$c(HCl)=0.1$ mol/L］。

（3）移取8.3 mL盐酸，用水稀释至1000 mL。

（4）氢氧化钠溶液［$c(NaOH)=0.1$ mo/L］。称取4 g氢氧化钠溶于水并稀释至1000 mL，按GB/T 601规定的方法配制和标定。

（5）甲基红、溴甲酚绿混合乙醇溶液。称取0.1 g甲基红，溶于95%乙醇并稀释至100 mL，再称取0.5 g溴甲酚绿，溶于95%乙醇并稀释至100 mL，两种溶液等体积混合，储存于棕色瓶中。

（四）试样的制备

用粉碎机将具有代表性的样品粉碎，使之全部通过样品筛。对特殊样品（水分或挥发物含量较高而无法粉碎的样品）应先在实验室温度下进行预干燥，再进行粉碎，当计算结果时应将干燥失重计算在内。

（五）测定步骤

称取约0.2 g制备好的试样，于玻璃试管中（如活性很高可称0.05 g试样），精确至0.1 mg，加入10 mL尿素缓冲液，立即盖好试管盖，剧烈振摇后，将试管马上置于30℃±0.5℃恒温水浴中，计时保持30 min±10 s。要求每个试样加入尿素缓冲液的时间间隔保持一致。停止反应时再以相同的时间间隔加入10 mL盐酸溶液，振摇后迅速冷却至20℃。将试管内容物全部转入小烧杯中，用20 mL水冲洗试管数次，以氢氧化钠标准溶液用酸度计滴定至pH 4.70。如果选择用指示剂，则将试管内容物全部转入250 mL锥形瓶中加入8～10滴混合指示剂，以氢氧化钠标准溶液滴定至溶液呈蓝绿色。

另取试管作空白试验：称取约0.2 g制备好的试样，于玻璃试管中（如活性很高可称0.05 g试样），精确至0.1 mg，加入10 mL盐酸溶液，振摇后再加入10 mL尿素缓冲液，立即盖好试管盖剧烈振摇，将试管马上置于30℃±0.5℃恒温水浴中，计时保持30 min±10 s，停止反应时将试管迅速冷却至20℃。将试管内容物全部转入小烧杯中，用20 mL水冲洗试管数次，以氢氧化钠标准溶液用酸度计滴定至pH 4.70。如果选择用指示剂，则将试管内容物全部转入250 mL锥形瓶中加入8～10滴混合指示剂，以氢氧化钠标准溶液滴定至溶液呈蓝绿色。

（六）结果计算

（1）大豆制品中尿素酶活性X，以尿素酶活性单位每克（U/g）表示，按式（2－7）计算。若试样进行了粉碎前的预干燥处理，则按式（2－8）计算：

$$X=\frac{14\times c(V_0-V)}{30\times m} \tag{2-7}$$

$$X=\frac{14\times c(V_0-V)}{30\times m}\times(1-S) \tag{2-8}$$

式中 X——试样的尿素酶活性，U/g；

c——氢氧化钠标准滴定溶液浓度，mol/L；

V_0——空白消耗氢氧化钠标准滴定溶液体积，mL；

V——试样消耗氢氧化钠标准滴定溶液体积，mL；

14——氮的摩尔质量，$M(N_2)=14$g/mol；

30——反应时间，min；

m——试样质量，g；

S——预干燥时试样失重的质量分数，%。

计算结果保留至小数点后两位。

（2）重复性：同一分析人员用相同分析方法，同时或连续两次测定活性≤0.2 时结果之差不超过平均值的 20%；活性 >0.2 时结果之差不超过平均值的 10%，结果以算术平均值表示。

第三节　矿物质饲料质量检测

矿物质饲料包括动物需要的各种矿物质元素补充物和某些应用于特殊目的的矿物质。畜禽需要的常量矿物元素有 7 种，即钾、镁、硫、钙、磷、钠和氯。磷酸氢钙是常用的矿物质饲料之一，用来补充钙、磷需要量，其质量标准（GB 22549—2017）中明确了有效成分钙、磷含量的测定方法。

实验十六　磷酸氢钙中磷含量测定

一、总磷含量的测定

（一）实验方法

采用国标 GB 22549—2017 方法。在酸性介质中，试验溶液中的磷酸根全部与加入的喹钼柠酮沉淀剂形成沉淀。通过过滤、烘干、称量，计算总磷含量。

（二）试剂和材料

（1）盐酸水溶液（体积比 1∶1）。

（2）硝酸水溶液（体积比 1∶1）。

（3）喹钼柠酮溶液：

① 称取 70 g 钼酸钠（$Na_2MoO_4 \cdot 2H_2O$）溶解于 100 mL 水中；

② 称取 60 g 柠檬酸（$C_6H_8O_7 \cdot 2H_2O$）溶解于 150 mL 水中；

③ 在搅拌下将溶液①倒入溶液②中；

④ 在 100 mL 水中加入 25 mL 浓硝酸，加 5 mL 喹啉；

⑤ 将溶液④倒入溶液③中，放置 12 h 后，用玻璃砂坩埚过滤，再加入 280 mL 丙酮，

用水稀释至1000 mL摇匀，放入聚乙烯瓶中保存。

（三）仪器

（1）玻璃砂坩埚：滤板孔径为5～15 μm。
（2）电热恒温干燥箱：温度能控制在180℃ ±5℃。

（四）实验步骤

1. 试验溶液A的制备

称取约1.0 g试样，精确到0.0002 g，置于100 mL烧杯中，加10 mL盐酸和少量水，盖上表面皿，煮沸10 min。冷却后移入250 mL容量瓶中，用水稀释至刻度，摇匀。此溶液为试验溶液A，用于总磷和钙含量的测定。

2. 空白试验溶液的制备

除不加试样外，其他加入的试剂量与试验溶液的制备完全相同，并与试样同时进行同样处理。

3. 测定

用移液管移取20 mL试验溶液A和空白试验溶液分别置于250 mL烧杯中，加10 mL硝酸溶液，加水至总体积约100 mL，加热至微沸，加50 mL喹钼柠酮溶液，盖上表面皿，于水浴中加热至杯内物温度达75℃ ±5℃，保持30 s（加热时不得用明火，加试剂或加热时不能搅拌，以免生成凝块）。冷却至室温，冷却过程中搅拌3～4次。用预先在180℃ ±5℃质量恒定的玻璃砂坩埚抽滤上层清液，用倾析法洗涤沉淀5～6次，每次用水约20 mL，将沉淀转移至玻璃砂坩埚中，继续用水洗涤3～4次。将玻璃砂坩埚置于电热干燥箱中，于180℃ ±5℃烘45 min，取出，置于干燥器中冷却至室温，称量。

（五）计算结果

总磷含量以磷（P）的质量分数 w_1 计，按式（2－9）计算：

$$w_1 = \frac{(m_1 - m_0) \times 0.0140}{m \times 20/250} \times 100\% \qquad (2-9)$$

式中　m_1——试验溶液生成磷钼酸喹啉沉淀的质量，g；
m_0——空白试验溶液生成磷钼酸喹啉沉淀的质量，g；
m——试验的质量，g；
0.0140——磷钼酸喹啉换算成磷的系数。

取平行测定结果的算术平均值为测定结果，两次平行测定结果的绝对差值不应大于0.2%。

二、枸溶性磷的测定

（一）实验原理

用中性柠檬酸铵溶液溶解和提取试样中的磷酸根，采用磷钼酸喹啉重量法测定磷含量。

（二）试剂

中性柠檬酸铵溶液：溶解 74 g 柠檬酸置于 300 mL 水中，加 69 mL 氨水，在酸度计控制下用氨水调节溶液 pH 为 7.0，用比重计测其相对密度为 1.09（20℃），将溶液贮存于密闭的瓶中备用（如果长期未使用，用前需要校正其酸度）。

（三）仪器

（1）酸度计：分度值为 0.2，配有玻璃电极和饱和甘汞电极。
（2）密度计。
（3）电热恒温水浴器：温度能控制在 65℃ ±2℃。

（四）实验步骤

称取 1 g 试样，精确至 0.0002 g，置于 250 mL 容量瓶中，加 100 mL 中性柠檬酸铵溶液，将容量瓶置于 65℃ ±2℃ 电热恒温水浴器中保温 1h 时打开瓶盖，每间隔 15 min 摇动一次，每次摇动 30 s，取出容量瓶，冷却至室温，用水稀释到刻度，摇匀。干过滤，弃去初始的 20 mL 滤液，以下操作按总磷含量测定步骤 3 中（P45）“用移液管移取 20 mL 试验溶液 A……”开始进行测定并计算，同时做空白试验。

三、水溶性磷的测定

称取约 0.5 g 试样，精确至 0.2 mg，置于瓷（或玛瑙）研钵中。加水研磨，每次加 25 mL 水，连续研磨 4 次，水溶液全部转移到 250 mL 容量瓶中，摇动 30 min（2 次/s），用水稀释至刻度，摇匀。干过滤，弃去初始 20 mL 滤液，用移液管移取 20 mL 滤液，置于 250 mL 烧杯中，以下操作按总磷含量测定步骤 3 中（P45）“加 10 mL 硝酸溶液……”开始进行测定并计算，同时做空白试验。

实验十七　磷酸氢钙中钙含量测定

（一）实验方法

采用国标 GB 22549—2017 方法。同 GB/T 6436—2002 中第 10 章。

（二）试剂

（1）盐酸羟胺。
（2）三乙醇胺。
（3）乙二胺。
（4）盐酸水溶液（盐酸与水的体积比 1∶3）。
（5）氢氧化钾溶液（200 g/L）：称取 20 g 氢氧化钾溶于 100 mL 水中。
（6）淀粉溶液（10 g/L）：称取 1 g 可溶性淀粉入 200 mL 烧杯中，加入 5 mL 水润湿，加 95 mL 沸水搅拌，煮沸，冷却备用（现用现配）。

（7）孔雀石绿水溶液（1 g/L）。

（8）钙黄绿素－甲基百里香草酚蓝指示剂：0.10 g 钙黄绿素、0.10 g 甲基百里香草酚蓝、0.03 g 百里香草酚酞、5 g 氯化钾研细混匀，贮存于磨口瓶中备用。

（9）钙标准溶液（0.0010 g/mL）：称取 2.4974 g 于 105 ～ 110℃干燥 3 h 的基准物碳酸钙，溶于 40 mL 盐酸（4）中，加热赶除二氧化碳，冷却，移至 1000 L 容量瓶中，用水稀释至刻度。

（10）乙二胺四乙酸二钠（EDTA）标准滴定溶液：称取 3.8 g EDTA 放于 200 mL 烧杯中，加 200 mL 水，加热溶解冷却后转至 1000 mL 容量瓶中，用水稀释至刻度。

（11）EDTA 标准滴定溶液的标定：准确吸取钙标准溶液（9）10 mL 按试样测定法进行滴定。

（12）EDTA 滴定溶液对钙的滴定按式（2－10）计算：

$$T = \frac{\rho \times V}{V_0} \qquad (2-10)$$

式中 T——EDTA 标准滴定溶液对钙的滴定度，g/mL；

ρ——钙标准溶液的质量浓度，g/mL；

V——所取钙标准溶液的体积，mL；

V_0——EDTA 标准滴定溶液的消耗体积，mL。

所得结果应表示至 0.0001 g/mL。

（13）蔗糖溶液：25 g/L。

（14）乙二胺四乙酸二钠（EDTA）标准滴定溶液：$c(\text{EDTA}) \approx 0.02$ mol/L。

（三）分析步骤

用移液管移取 25 mL 试验溶液 A，置于 250 mL 锥形瓶中，加 50 mL 水，加 5 mL 蔗糖溶液，加 2 mL 三乙醇胺，加 1 mL 乙二胺，加 1 滴孔雀石绿指示液，滴加氢氧化钾溶液至无色，再过量 10 mL，加 0.1 g 盐酸羟胺（每加一种试剂都要摇匀），加钙黄绿素少许，在黑色背景下用 EDTA 标准滴定溶液滴定至溶液由绿色荧光消失呈显紫红色为终点。

（四）计算结果

钙含量以钙（Ca）的质量分数 w_2 计算，见式（2－11）：

$$w_2 = \frac{VcM \times 10^{-3}}{m \times 25/250} \times 100\% \qquad (2-11)$$

式中 V——试验溶液所消耗的 EDTA 标准滴定溶液的体积，mL；

c——EDTA 标准滴定溶液的准确实际浓度，mol/mL；

m——试料的质量（见总磷含量测定步骤中 1），g；

M——钙（Ca）的摩尔质量，g/mol（M＝40.08）。

取平行测定结果的算术平均值为测定结果，两次平行测定结果的绝对差值不大于 0.3%。

第四节　饲料添加剂质量检测

饲料添加剂添加到饲料中，能提高饲料品质和增加饲料的适口性及畜禽的采食量，具有明显的增重效果和经济效益。配合饲料中使用的添加剂能防止饲料品质的劣化，改善动物对饲料的利用率，抑制有害物质，增强动物的抗病能力，防止畜禽疾病及增进动物健康，加速动物的生长、生产，提高动物的生产性能，提高畜禽产品的产品质量和数量。饲料添加剂的种类繁多，性质各异，用量较少。主要包括氨基酸、微量元素、维生素等营养性添加剂，还有很多种非营养性添加剂，如抗氧化剂、防腐剂、酶制剂、酸化剂、益生素、寡糖类等。不同的产品质量要求和测定方法各异，以下仅介绍微量元素添加剂硫酸锰中有效成分锰含量及氨基酸添加剂蛋氨酸羟基类似物钙盐含量的测定。

实验十八　硫酸锰中锰含量测定

（一）实验方法

采用国标 GB 34468—2017 方法，在磷酸介质中，于 220 ～ 240℃下用硝酸铵将试样中的二价锰定量氧化成三价锰，以 N－苯代邻氨基苯甲酸作指示剂，用硫酸亚铁铵标准滴定溶液滴定。

（二）试剂和材料

（1）磷酸。

（2）硝酸铵。

（3）无水碳酸钠。

（4）硫酸溶液（硫酸与水的体积比 1∶4）。

（5）N－苯代邻氨基苯甲酸指示液（2 g/L）：称取 0.2 g N－苯代邻氨基苯甲酸，溶于少量水中，加 0.2 g 无水碳酸钠，50℃加热溶解后加水至 100 mL，摇匀。

（6）混合酸：于 700 mL 水中徐徐加入 150 mL 硫酸及 150 mL 磷酸，摇匀，冷却。

（7）重铬酸钾标准溶液 $[c(\frac{1}{6}K_2Cr_2O_7)=0.1\ mol/L]$：准确称取在 120℃烘至质量恒定的基准级重铬酸钾约 4.9 g，精确至 0.0001 g，加适量水溶解后，转移至 1000 mL 容量瓶中，定容至刻度，摇匀。

（8）硫酸亚铁铵标准滴定溶液 $c[Fe(NH_4)_2(SO)_2]=0.1\ mol/L$：硫酸亚铁铵标准滴定溶液的标定应与样品测定同时进行。

① 配制：称取 40 g 硫酸亚铁铵，加入硫酸溶液 300 mL，溶解后加 700 mL 水，摇匀。

② 标定：准确移取 25 mL 重铬酸钾标准溶液，置于 250 mL 的锥形瓶中，加 10 mL 混合酸，加水至 100 mL，用硫酸亚铁铵标准滴定溶液滴定至橙黄色消失，加入 2 滴 N－苯代邻氨基苯甲酸指示剂，继续滴定至溶液显亮绿色即为终点。

③ 同时进行空白试验：用移液管准确称取25 mL水，置于250 mL的锥形瓶中，其他操作及加入试剂的种类和数量均与滴定上述重铬酸钾标准溶液相同。

硫酸亚铁铵标准滴定溶液的浓度c按式（2－12）计算：

$$c = \frac{0.025\ m}{M \times (V - V_0)} \quad (2-12)$$

式中　m—— 称取重铬酸钾的实际质量，g；

M—— 重铬酸钾（$1/6\ K_2Cr_2O_7$）的摩尔质量，g/mol（$M = 49.03$）；

V—— 滴定重铬酸钾标准溶液所消耗硫酸亚铁铵标准滴定溶液的体积，L；

V_0——滴定空白溶液所消耗硫酸亚铁铵标准滴定溶液的体积，L。

（三）实验步骤

称取约0.5 g样品（精确至0.0001 g）置于250 mL锥形瓶中，用少量水润湿加入20 mL磷酸，摇匀后加热煮沸，至液面平静并微冒白烟（此时温度为220～240℃）移离热源，立即加入2 g硝酸铵并充分摇匀，让黄烟逸尽。冷却至约70℃后，加100 mL水，充分摇动，使盐类溶解，冷却至室温。用硫酸亚铁铵标准滴定溶液滴定至浅红色，加入2滴N－苯代邻氨基苯甲酸指示液，继续滴定至溶液由红色变为亮黄色即为终点。

同时，另取250 mL的锥形瓶，做空白试验，除不加入试样外，其他操作及加入试剂的种类和数量均与测定试验相同。

（四）结果计算与表示

硫酸锰产品的含量X_1以一水硫酸锰（$MnSO_4 \cdot H_2O$）或以锰（Mn）的质量分数计，数值以%表示，按式（2－13）计算：

$$X_1 = \frac{(V_1 - V_{1,0})cM_1 \times 10^{-3}}{m_1} \times 100 = \frac{0.1(V_1 - V_{1,0})cM_1}{m_1} \quad (2-13)$$

式中　V_1—— 滴定试样溶液所消耗硫酸亚铁铵标准滴定溶液的体积，mL；

$V_{1,0}$—— 滴定空白溶液所消耗硫酸亚铁铵标准滴定溶液的体积，mL；

c —— 硫酸亚铁铵标准滴定溶液的实际浓度，mol/L；

M_1——水合硫酸锰产品以一水硫酸锰（$MnSO_4 \cdot H_2O$）计时，其摩尔质量的数值M（$MnSO_4\ H_2O$）＝169.0［或以锰（Mn）计时，其摩尔质量的数值M(Mn)＝54.94］，g/mol；

m_1——试样的质量，g。

以两次平行测定结果的算术平均值为测定结果，结果保留至小数点后一位。

两次测定结果的绝对差值以$MnSO_4 \cdot H_2O$计不大于0.3%，以Mn计不大于0.1%。

实验十九　蛋氨酸羟基类似物钙盐含量测定

（一）实验原理

在酸性介质中，蛋氨酸羟基类似物发生以下氧化还原反应：

$$3RSR' + BrO_3^- \longrightarrow 3RSOR' + Br^-$$

在待测溶液中放入一根铂的饱和甘汞电极组成的复合电极（或铂的饱和甘汞复合电极），随着滴定液的加入，待测离子浓度不断变化，电极电位也发生相应的变化，在等电点发生电位突跃，以此确定滴定终点。

（二）试剂与材料

（1）酸溶液：$V_{冰乙酸}:V_{水}:V_{酸}=50:10:3$。

（2）溴酸钾－溴化钾标准滴定溶液，$c(\frac{1}{6}KBrO_3)$ 约为0.6 mol/L：称取17.5 g溴酸钾（精确至0.0001 g）和112.5 g溴化钾（精确至0.0001 g），用水溶解后定容至1 L。按GB/T 601规定的方法标定，此溶液贮存于棕色瓶中，有效期为1个月。

（三）仪器设备

（1）自动电位测定仪或酸度计。
（2）铂的饱和甘汞电极组成的复合电极。

（四）实验步骤

称取0.5 g（精确至0.0001 g）经粉碎、干燥（105℃ ±2℃）至恒重后的试样于150 mL烧杯中，加50 mL酸溶液，超声溶解后将烧杯置磁力搅拌器上，将电极插入溶液中，调节搅拌速度至溶液充分涡旋，用溴酸钾－溴化钾标准滴定溶液滴定，按GB/T 9725，确认滴定体积。

（四）结果计算

蛋氨酸羟基类似物钙盐［$(CH_3SCH_2CH_2CHOHCOO)_2Ca$］含量 X_1 以质量分数（%）计，按式（2－14）计算：

$$X_1 = \frac{c_1 \times V_1 \times 0.0846}{m_1} \times 100 \qquad (2-14)$$

式中 c_1——溴酸钾－溴化钾标准滴定溶液浓度，mol/L；
V_1——滴定试样消耗溴酸钾－溴化钾标准滴定溶液体积，mL；
0.0846——与1.0 mL溴酸钾－溴化钾标准滴定溶液［$c(\frac{1}{6}KBrO_3)=1.0$ mol/L］相当的、以克表示的蛋氨酸羟基类似物钙盐的质量；
m_1——试样质量，g。

蛋氨酸羟基类似物［$CH_3SCH_2CH_2CHOHCOOH$］含量 X_2 以质量分数（%）计，按式（2－15）计算：

$$X_2 = \frac{c_1 \times V_1 \times 0.0751}{m_1} \times 100 \qquad (2-15)$$

式中 c_1——溴酸钾－溴化钾标准滴定溶液浓度，mol/L；

V_1——滴定试样消耗溴酸钾－溴化钾标准滴定溶液体积，mL；

0.0751——与 1.0 mL 溴酸钾－溴化钾标准滴定溶液 $[c(\frac{1}{6}KBrO_3)=1.0\ mol/L]$ 相当的、以克表示的蛋氨酸羟基类似物钙盐的质量；

m_1——试样质量，g。

取两次平行测定结果的算术平均值为测定结果。结果表示至小数点后一位。

（五）重复性

两次平行测定结果的绝对差值不大于 0.2%。

第五节 配合饲料加工质量检测

实验二十 添加剂预混料均匀度测定

（一）实验原理

采用国标 GB/T 10649—2008 方法，本法通过盐酸羟胺将样品液中的铁还原成二价铁离子，再与显色剂邻菲啰啉反应，生成橙红色的络合物，用比色法测定铁的含量，以同一批次试样中铁含量的差异来反映所测产品的混合均匀度。

（二）试剂

以下试剂除特别注明外，均为分析纯。水为蒸馏水，符合 GB/T6682 的三级用水规定。

（1）浓盐酸。

（2）盐酸羟胺溶液（100 g/L）：称取 10 g 盐酸羟胺溶于水中，再用水稀释至100 mL，摇匀，保存于棕色瓶中并置于冰箱内保存。

（3）乙酸盐缓冲溶液（pH 约为 4.5）：称取 8.3 g 无水乙酸钠溶于水中，再加入 12 mL 冰乙酸，并用水稀释至 100 mL，摇匀。

（4）邻菲啰啉溶液（1g/L）：称取 0.1 g 邻菲啰啉溶于约 80 mL 80℃的水中，冷却后用水稀释至 100 mL，摇匀，保存于棕色瓶中并置于冰箱内保存。

（三）仪器和设备

（1）分析天平：感量 0.1 mg。

（2）分光光度计：带 1 cm 比色皿。

（四）采样

（1）本法所需样品应单独采制。

（2）每一批饲料抽取10个有代表性的原始样品，每个样品的数量50～100 g。样品的采集应考虑代表性，但每一个样品应由一点集中取样。取样时不允许有任何翻动或再混合。

（五）试样制备

样品的制备应按GB/T 20195的规定进行。将上述每个样品在实验室内充分混匀，称取1～10 g试样进行测定。

（六）测定步骤

称取试样1～10 g（准确至±0.0002 g）于250 mL烧杯中，加少量水润湿，慢慢滴加20 mL浓盐酸，防样液溅出，充分摇匀后再加入50 mL水搅匀，充分转移到250 mL容量瓶，用水稀释至250 mL，摇匀，过滤。移取2 mL滤液于25 mL容量瓶中，加入盐酸羟胺溶液1 mL，充分混匀，5 min后加入乙酸盐缓冲溶液5 mL，摇匀，再加入邻菲啰啉溶液1 mL（对于高铜的预混合饲料邻菲啰啉溶液可酌情提高用量至3～5 mL），用水稀释至25 mL，充分混匀，放置30 min，以试剂空白作参比，用分光光度计在510 nm波长处测定试液的吸光度值。按此步骤依次测定出同一批次的10个试液中的吸光度值A_1，A_2，A_3，…，A_{10}。

（七）结果计算

由于试液中铁离子含量与其吸光度值存在线性关系，所以以下计算直接以试液吸光度值进行。

1. 单位质量的吸光度值X_i

单位质量的吸光度值X_i按式（2－16）计算：

$$X_i = \frac{A_i}{m_i} \tag{2-16}$$

式中 A_i——第i个试液的吸光度值；

m_i——第i个试样的质量，g。

2. 单位质量的吸光度值平均值$\overline{X}$

单位质量的吸光度值平均值$\overline{X}$按式（2－17）计算：

$$\overline{X} = \frac{X_1 + X_2 + X_3 + \cdots + X_{10}}{10} \tag{2-17}$$

3. 单位质量的吸光度值的标准差S

单位质量的吸光度值的标准差S按式（2－18）计算：

$$S = \sqrt{\frac{(X_1 - \overline{X})^2 + (X_2 - \overline{X})^2 + (X_3 - \overline{X})^2 + \cdots + (X_{10} - \overline{X})^2}{10 - 1}} \tag{2-18}$$

4. 混合均匀度值

混合均匀度值以同一批次的单位质量的吸光度值的变异系数 C_V 值表示，C_V 值越大，混合均匀度越差。

10 个试液单位质量的吸光度值的变异系数 C_V 值（%）按式（2－19）计算：

$$C_V = \frac{S}{V} \times 100\% \tag{2-19}$$

计算结果保留到小数点后两位。

实验二十一　全价饲料混合均匀度测定

一、氯离子选择电极法（仲裁法）

（一）实验方法

采用 GB/T 5918—2008 方法，通过氯离子选择电极的电极电位对溶液中氯离子的选择性响应来测定氯离子的含量，以同一批次饲料的不同试样中氯离子含量的差异来反映饲料的混合均匀度。

（二）试剂

以下试剂除特别注明外，均为分析纯。水为蒸馏水，符合 GB/T6682 的三级用水规定。

（1）硝酸溶液：浓度约为 0.5 mol/L，吸取浓硝酸 35 mL 用水稀释至 1000 mL。

（2）硝酸钾溶液：浓度约为 2.5 mol/L，称取 252.75 g 硝酸钾于烧杯中，加水微热溶解，用水稀释至 1000 mL。

（3）氯离子标准溶液：称取经 550℃ 灼烧 1 h 冷却后的氯化钠 8.2440 g 于烧杯中，加水微热溶解，转入 1000 mL 容量瓶中，用水稀释至刻度，摇匀，溶液中含氯离子 5 mg/mL。

（三）仪器

（1）氯离子选择电极。

（2）双盐桥甘汞电极。

（3）酸度计或电位计：精度 0.2 mV。

（4）磁力搅拌器。

（5）烧杯：100 mL，250 mL。

（6）移液管：1 mL，5 mL，10 mL。

（7）容量瓶：50 mL。

（8）分析天平：感量 0.0001 g。

（四）采样

（1）本法所需样品应单独采取。

（2）每一批饲料产品抽取 10 个有代表性的原始样品，每个样品的采样量约 200 g。取样点的确定应考虑各方位的深度、袋数或料流的代表性，但每一个样品应由一点集中取样。取样时不允许有任何翻动或混合。

（五）试样制备

将每个样品在实验室内充分混合。颗粒饲料样品需粉碎通过 1.40 mm 筛孔。

（六）测定步骤

1. 标准曲线绘制

精确量取氯离子标准工作溶液 0.1，0.2，0.4，0.6，1.2，2.0，4.0，6.0（mL）于 50 mL 容量瓶中，加入 5 mL 硝酸溶液和 10 mL 硝酸钾溶液，用水稀释至刻度，摇匀，即可得到 0.50，1.00，2.00，3.00，6.00，10.00，20.00，30.00（mg/50 mL）的氯离子标准系列，将其倒入 100 mL 的干燥烧杯中，放入磁力搅拌子一粒，以氯离子选择电极为指示电极，甘汞电极为参比电极，搅拌 3 min。在酸度计或电位计上读取电位值（mV），以溶液的电位值为纵坐标，氯离子浓度为横坐标，在半对数坐标纸上绘制出标准曲线。

2. 试液制备

准确称取试料 10.00 g ± 0.05 g 置于 250 mL 烧杯中，准确加入 100 mL 水，搅拌 10 min，静置澄清，用干燥的中速定性滤纸过滤，滤液作为试液备用。

3. 试液的测定

准确吸取试液 10 mL，置于 50 mL 容量瓶中，加入 5 mL 硝酸溶液和 10 mL 硝酸钾溶液，用水稀释至刻度，摇匀，然后倒入 100 mL 的干燥烧杯中，放入磁力搅拌子一粒，以氯离子选择电极为指示电极，甘汞电极为参比电极，搅拌 3 min。在酸度计或电位计上读取电位值（mV），从标准曲线上求得氯离子浓度的对应值 X。按此步骤依次测定出同一批次的 10 个试液中的氯离子浓度 X_1，X_2，X_3，…，X_{10}。

（七）结果计算

1. 试液氯离子浓度平均值 $\overline{X}$

试液氯离子浓度平均值 $\overline{X}$ 按式（2－20）计算：

$$\overline{X} = \frac{X_1 + X_2 + X_3 + \cdots + X_{10}}{10} \tag{2-20}$$

2. 试液氯离子浓度的标准差 S

试液氯离子浓度的标准差 S 按式（2－21）计算：

$$S = \sqrt{\frac{(X_1 - \overline{X})^2 + (X_2 - \overline{X})^2 + (X_3 - \overline{X})^2 + \cdots + (X_{10} - \overline{X})^2}{10 - 1}} \tag{2-21}$$

3. 混合均匀度值

混合均匀度值以同一批次的10个试液中氯离子浓度的变异系数 C_V 值表示，C_V 值越大，混合均匀度越差。

10个试液中氯离子浓度的变异系数 C_V 值（%）按式（2－22）计算：

$$C_V = \frac{S}{X} \times 100\% \quad (2-22)$$

计算结果精确到小数点后两位。

二、甲基紫法

（一）适用范围的限定

本法主要适用于混合机和饲料加工工艺中混合均匀度的测定。不适用于添加有苜蓿粉、槐叶粉等含色素组分的饲料产品混合均匀度的测定。

（二）方法原理

本法以甲基紫色素作为示踪物，在大批饲料加入混合机后，再将甲基紫与添加剂一起加入混合机，混合规定时间，然后取样，以比色法测定样品中甲基紫的含量，以同一批次饲料的不同试样中甲基紫含量的差异来反映饲料的混合均匀度。

（三）试剂

（1）甲基紫（生物染色剂）。

（2）无水乙醇。

（四）仪器

（1）分光光度计：带5 mm比色皿。

（2）标准筛：筛孔净孔尺寸100 μm。

（3）分析天平：感量0.0001 g。

（4）烧杯：100 mL，250 mL。

（五）示踪物的制备与添加

将测定用的甲基紫混匀并充分研磨，使其全部通过净孔尺寸为100 μm的标准筛。按照混合机混一批饲料量的十万分之一的用量，在大批饲料加入混合机后，再将其与添加剂一起加入混合机，混合规定时间。

（六）采样

本法的采样要求同氯离子选择电极法（仲裁法）。

（七）试样制备

本法的试样制备同氯离子选择电极法（仲裁法）。

（八）测定步骤

称取试料 10.00 g ±0.05 g 放在 100 mL 的小烧杯中，加入 30 mL 无水乙醇，不时地加以搅动，烧杯上盖一表面皿，30 min 后用滤纸过滤（定性滤纸，中速）。以无水乙醇作空白调节零点，用分光光度计，以 5 mm 比色皿在 590 nm 的波长下测定滤液的吸光度。

以同一批次 10 个试样测得的吸光度值为 X_1，X_2，X_3，…，X_{10}，按式（2－20）、式（2－21）和式（2－22）分别计算平均值 $\overline{X}$ 、标准差 S 和变异系数 C_V 值。

实验二十二　颗粒饲料粒度、含粉率和粉化率的测定

（一）实验目的

颗粒饲料耐久性指数或稳定性指标（pellet durability index，PDI）用来衡量颗粒饲料（或粗屑饲料）在散运（如货车）中抗御破碎的相对能力，是评定颗粒饲料加工质量的物理指标之一。通过本实验，掌握筛分法测定颗粒饲料含粉率和回转箱法测定颗粒饲料粉化率的方法，评价所测颗粒饲料含粉率与粉化率。

（二）实验原理

（1）含粉率：是指颗粒饲料中所含粉料质量占其总质量的百分比。

（2）颗粒饲料粉化率：是指颗粒饲料在粉化仪对颗粒饲料翻转摩擦后产生粉末的质量占其总质量的百分比。而 100% 减去粉化率就是颗粒饲料的坚实度。

（三）适用范围

本方法适用于一般硬度颗粒饲料的粉化率、含粉率的测定。

（四）仪器与设备

（1）粉化仪，双箱体式。

（2）标准筛一套，GB 6004。

（3）振筛机，顶击式标准振动筛，频率 220 次/min，行程 25 mm。

（4）天平，感量 0.5 g。

（五）实验步骤

1. 试样选取与制备

颗粒饲料冷却 1 h 后（颗粒温度与环境温度之差在 5℃以内）测定，从各批颗粒饲料

中取出有代表性的原始样品 1.5 kg 左右（m_1）。当检验颗粒饲料质量时，直接选择有代表性的颗粒饲料即可。

2. 含粉率的测定

将原始样品用规定筛号的金属筛分 3 次用振筛机预筛 1 min，将筛下物称重（m_2）。计算 3 次筛下物总重占试样总重的百分数，即为含粉率。然后将筛上物用四分法称取两份试样，每份 500 g（m_3）。不同颗粒直径采用的筛孔尺寸（mm）见表 2-3。

表 2-3　不同颗粒直径采用的筛孔尺寸

单位：mm

颗粒直径	1.50	2.00	2.50	3.00	3.50	4.00
筛孔尺寸	1.00	1.40	2.00	2.36	2.80	2.80
颗粒直径	5.00	6.00	8.00	10.00	12.00	16.00
筛孔尺寸	4.00	4.00	5.60	8.00	8.00	11.20

3. 粉化率的测定

将称好的两份试样分别装入粉化仪的回转箱内，盖紧箱盖，开动机器，使箱体回转 10 min（500 r/min）。停止后取出试样，用规定筛孔的筛子在振筛机上筛理 1 min，称取筛上物的质量（m_4），计算两份试样测定结果的平均值。

（六）结果计算

1. 含粉率（φ_1）的计算

$$\varphi_1(\%) = \frac{m_2}{m_1} \times 100\% \qquad (2-23)$$

式中　φ_1——试样含粉率，%；

m_1——预筛试样总质量，g；

m_2——预筛后筛下物总质量，g。

2. 粉化率（φ_2）的计算

$$\varphi_2(\%) = \left(1 - \frac{m_4}{m_3}\right) \times 100\% \qquad (2-24)$$

式中　φ_2——试样粉化率，%；

m_3——回转前样品质量，g；

m_4——回转后筛上物质量，g。

所得结果表示至小数点后一位。

3. 耐久性（PDI）指数的计算

$$\text{PDI}(\%) = \frac{m_4}{m_3} \times 100\% \text{ 或 } 100\% - \varphi_2 \qquad (2-25)$$

（七）允许偏差

两份样品测定结果绝对差不大于 1%，以其算术平均值作为报告结果。在仲裁分析时绝对差不大于1.5%。

（八）补充说明

在样品量不足500 g时，也可用250 g样品，回转5 min，测定粉化率。

根据《颗粒饲料通用技术条件》GB/T16765标准中的规定，含粉率及粉化率判定合格界限见表2－4。

表2－4 含粉率及粉化率判定合格界限

项目	标准规定值	分析允许误差（绝对误差）	判定合格的界限
含粉率/%	≤4.0	1.5	≤5.5
粉化率/%	≤10.0	1.5	≤11.5

注：表中分析允许误差为不同实验室、不同操作者试验结果之间差值。

第六节 配合饲料卫生质量检测

实验二十三 饲料重金属污染检测

金属元素铅、汞、镉被人们确认为有毒元素，砷、铬、氟、硒等是动物必需元素，但超过一定量以后，就转变成对生命有害的元素。国家标准GB 13078—1991中规定了饲料中铅、砷、汞、镉、氟的允许量。

一、铅化合物的检验

（一）硫酸铅法

1. 原理

铅化合物与硫酸作用生成白色硫酸铅沉淀，如沉淀物溶于乙酸铵溶液，表示样品中有铅污染。

$$Pb(NO_3)_2 + H_2SO_4 \longrightarrow PbSO_4 \downarrow + 2HNO_3$$
$$PbSO_4 + 2NH_4Ac \longrightarrow Pb(Ac)_2 + (NH_4)_2SO_4$$

2. 操作步骤

（1）取20.0 g均匀样品，置于瓷坩埚中，先以小火炭化，然后移入550℃高温炉中使其灰化后完全取出，加入5 mL（1∶1）盐酸溶液溶解后，移入50 mL容量瓶中，用水稀释至刻度备用。

（2）取消化液2 mL，置于小烧杯中，加入浓硫酸4滴，加热，加水稀释。如样液中有铅存在，则出现白色沉淀。吸去上清液，加入2 mL 10%乙酸铵溶液，如白色沉淀溶解，表示有铅存在。

（二）碘化铅法

1. 原理

样液中的铅盐与碘化钾作用生成黄色碘化铅沉淀，但在过量的碘化钾存在下，又重新溶解，可用于鉴别铅化物。

$$Pb^{2+} + 2KI \longrightarrow PbI_2 \downarrow + 2K^+$$

$$PbI_2 + 2KI \longrightarrow K_2PbI_4$$

2. 操作步骤

取硫酸铅法得到的样液 2 mL 置于小烧杯中，加入 10% 碘化钾溶液 2 滴，出现黄色沉淀物。如加热，沉淀即溶解，冷却后，沉淀又析出。继续加入 10% 碘化钾溶液，沉淀溶解，说明样品中有铅化物存在。

二、砷化合物的检验

1. 原理

在盐酸溶液中，金属铜使砷化合物形成黑色砷化铜而沉积在铜片表面，可以鉴定样品中的砷化合物。

$$As_2O_3 + 6HCl \longrightarrow 2AsCl_3 + 3H_2O$$

$$2AsCl_3 + 6Cu \longrightarrow 3CuCl_2 + Cu_3As_2 \downarrow$$

2. 试剂

（1）铜片（取 2 小块铜片用硝酸洗涤至光亮，再用水洗净，备用；或用铜丝作同样处理备用）。

（2）浓盐酸。

（3）2% 氯化亚锡溶液（称取 2g 氯化亚锡，溶于 100 mL 浓盐酸中备用）。

（4）盐酸联胺。

3. 操作步骤

（1）取适量样品，用水调成糊状，置于烧杯中，按体积之 1/5 加入浓盐酸，再加 2% 氯化亚锡溶液 1 mL，投入铜片 2 片，在沸水浴中加热 45 min，取出铜片，观察铜片上有无黑色砷化铜存在。

（2）将上述样品溶液置于试管中，加入盐酸联胺 0.4 g，取铜丝二根，加热至微沸，保持 5 min，铜丝变黑色则可能有砷存在。

三、汞化合物的检验

（一）铜片法

1. 原理

在样品盐酸溶液中，金属铜使汞化合物形成白色光泽的金属汞，沉积在铜的表面，用以鉴定样品中的汞。

2. 操作步骤

称取适量的样品，用水调成糊状，按1/5体积加入浓盐酸，放入光亮的铜片2片，在沸水浴上煮沸45 min。铜片呈现白色光泽，则说明样液中可能有汞存在。将铜片用乙醇洗净，晾干，置于一端封闭的玻璃管内，封住另一端，小火加热管底，管壁上出现光亮的汞珠者，说明样品中含有汞。

（二）碘化汞法

1. 原理

汞与碘生成红色或黄色碘化汞。

2. 操作步骤

按上述铜片法作铜片试验，得到呈银白色的铜片，洗净，晾干。将铜片置于小试管内，加入少许碘片，用小火从管底缓缓地加热，在管壁上部冷处有红色或黄色碘化汞结晶形成表示样品中有汞存在。

四、镉化合物的检验

1. 原理

在碱性介质中，镉与镉试剂作用生成橙红色络合物，加入酒石酸钾钠可隐蔽其他金属的干扰，以便鉴定样液中的镉。

2. 试剂

（1）10%酒石酸钾钠溶液。

（2）0.02 mol/L氢氧化钾乙醇溶液。

（3）0.02%镉试剂（称取0.02 g对硝基偶氮氨基偶氮苯，溶于100 mL 0.02 mol/L氢氧化钾溶液中）。

（4）2 mol/L氢氧化钾溶液。

3. 操作步骤

吸取上述“硫酸铅法”中的样品处理消化液5 mL置于试管中，用2 mol/L氢氧化钾溶液中和后，加入10%酒石酸钾钠溶液1 mL、2 mol/L氢氧化钾溶液7 mL和0.02%镉试剂1 mL，混匀，观察其颜色变化。如样液出现橙红色，则说明样品中有镉存在。

五、铬化合物的检验

（一）二苯胺基脲法

1. 原理

样液中的6价铬在一定酸性条件下与二苯胺基脲作用生成红紫色络合物，以鉴定铬化合物。

2. 操作步骤

取适量样品加水浸渍后温热，过滤，取滤液 2 mL 置于试管中，加入二苯胺基脲试剂（称取 0. 25 g 二苯胺基脲，50 g 干燥焦硫酸钾，混合均匀）一小勺，振摇 2 min，样液出现紫红色说明有 6 价铬存在。

（二）铬酸铅法

1. 原理

样液中铬酸盐与铅离子作用生成黄色铬酸铅沉淀，用以鉴定样品中的铬酸盐。

2. 操作步骤

吸取二苯胺基脲样品处理液 1 mL 置于小试管中，加入 6 mol/L 乙酸溶液酸化，再加入 5% 乙酸铅溶液 2 滴，如出现黄色沉淀，说明样品中有铬存在。

六、氟化物的检验

1. 原理

在酸性溶液中，茜素磺酸钠与锆盐形成红色络合物，当氟离子存在时，氟离子与络合物中的锆离子结合生成无色难解离的氟化锆离子，释放出黄色的茜素磺酸。

2. 试剂

（1）10% 盐酸溶液。

（2）碳酸钠饱和溶液。

（3）硝酸锆溶液（称取 0. 1 g 硝酸锆，溶于 20 mL 浓盐酸中，加水至 100 mL）。

（4）茜素磺酸钠溶液（称取 0. 1 g 茜素磺酸钠，溶于 100 mL 乙醇中）。

（5）茜素锆溶液（将硝酸锆溶液和茜素磺酸钠溶液以等体积混合）。

3. 操作步骤

称取 20 g 左右均匀混合的样品置于瓷坩埚中，加碳酸钠饱和溶液润湿，小火加热蒸干。在煤气灯或电热炉上小心炭化后，移入高温炉中于 550℃ 灰化。取出加入 5 mL 水，过滤，加入 10% 盐酸使滤液呈微酸性。吸取 2 滴样液置于白磁板中，加入茜素锆溶液，样液由红色变为黄色者表示有氟存在。

实验二十四　饲料中氟含量测定

一、离子选择性电极法

（一）原理

氟离子选择电极的氟化镧单晶膜对氟离子产生选择性的对数响应，氟电极和饱和甘汞电极在被测试液中，电位差可随溶液中氟离子活度的变化而改变，电位变化规律符合能斯特方程式（$E = E^{\circ} - \frac{2.303RT}{F}\lg c_F$）。

E 与 $\lg c_F$ 呈线性关系。$2.303RT/F$ 为该直线的斜率（25℃时为59.16）。

在水溶液中，易与氟离子形成络合物的三价铁（Fe^{3+}）、三价铝（Al^{3-}）及硅酸根（SiO_3^{2-}）等离子而干扰氟离子测定，其他常见离子对氟离子测定无影响。在测量溶液的酸度为pH 5～6，用总离子强度缓冲液消除干扰离子及酸度的影响。

（二）试剂和溶液

本标准所用试剂，除特殊说明外，均为分析纯。

实验室用水应符合GB/T 6682中三级用水的规格。

全部溶液贮于聚乙烯塑料瓶中。

1. 3 mol/L乙酸钠溶液（$CH_3COONa \cdot 3H_2O$）

称取204 g乙酸钠（$CH_3COONa \cdot 3H_2O$），溶于约300 mL水中，待溶液温度恢复到室温后，以1 mol/L乙酸（GB/T 676）调节至pH 7.0，移入500 mL容量瓶，加水至刻度。

2. 0.75 mol/L柠檬酸钠溶液（$Na_3C_6H_5O_7 \cdot 2H_2O$）

称取110 g柠檬酸钠（$Na_3C_6H_5O_7 \cdot 2H_20$），溶于约300 mL水中，加高氯酸（$HClO_4$）14 mL，移入500 mL容量瓶，加水至刻度。

3. 总离子强度缓冲液

乙酸钠溶液与柠檬酸钠溶液等量混合，临用时配制。

4. 1 mol/L盐酸溶液

量取10 mL盐酸（GB/T 622），加水稀释至120 mL。

5. 氟标准溶液

（1）氟标准贮备液：称取经100℃干燥4 h冷却的氟化钠0.2210 g溶于水，移入100 mL容量瓶中，加水至刻度，混匀，贮备于塑料瓶中，置冰箱内保存，此液每毫升相当于1.0 mg氟。

（2）氟标准溶液：临用时准确吸取氟贮备液10.00 mL于100 mL容量瓶中，加水至刻度，混匀。此液每毫升相当于100.0 μg氟。

（3）氟标准稀溶液：准确吸取氟标准溶液10.00 mL于100 mL容量瓶中，加水至刻度，混匀。此液每毫升相当于10.0 μg氟。即配即用。

（三）仪器、设备

（1）氟离子选择电极：测量范围10^{-1}～5×10^{-7} mol/L，pF-1型或与之相当的电极。

（2）甘汞电极：232型或与之相当的电极。

（3）磁力搅拌器。

（4）酸度计：测量范围0.0～－1400 mV，pHS-3型或与之相当的酸度计或电位计。

（5）分析天平：感量0.0001 g。

（6）纳氏比色管：50 mL。

（7）容量瓶：50 mL、100 mL。

（8）超声波提取器。

（四）试样制备

取具有代表性的样品2kg，以四分法缩分至约250 g，粉碎，过0.42 mm孔筛，混匀，装入样品瓶，密闭保存，备用。

（五）测定步骤

1. 氟标准工作液的制备

吸取氟标准稀溶液0.50，1.00，2.00，5.00，10.00（mL），再吸取氟标准溶液2.00 mL、5.00 mL分别置于50 mL容量瓶中，于各容量瓶中分别加入盐酸溶液5.00 mL，总离子强度缓冲液25 mL，加水至刻度，混匀。上述标准工作液的浓度分别为0.1，0.2，0.4，1.0，2.0，4.0，10.0（μg /mL）。

2. 试液制备

（1）饲料试液制备（除饲料级磷酸盐外）。精确称取0.5～1 g试样（精确至0.0002 g）置于50 mL纳氏比色管中，加入盐酸溶液5.00 mL，密闭提取1 h（不时轻轻摇动比色管），应尽量避免样品粘于管壁上，或置于超声波提取器中密闭提取20 min，提取后加总离子强度缓冲液25 mL，加水至刻度，混匀，干过滤。滤液供测定用。

（2）磷酸盐试液制备。准确称取约含2000 μg氟的试样（精确至0.0002 g）置于100 mL容量瓶中，用盐酸溶液溶解并定容至刻度，混匀。取5.00 mL溶解液置50 mL容量瓶中，加入25 mL总离子强度缓冲液，加水至刻度，混匀。供测定用。

3. 测定

将氟电极和甘汞电极与测定仪器的负端和正端联接，将电极插入盛有水的50 mL聚乙烯塑料烧杯中，并预热仪器，在磁力搅拌器上以恒速搅拌，读取平衡电位值，更换2～3次水，待电位值平衡后，即可进行标准液和试样液的电位测定。

浓度由低到高分别测定氟标准工作液的平衡电位。同法测定试液的平衡电位。

以平衡电位为纵坐标，以氟标准工作液的氟离子浓度为横坐标，用回归方程计算或在半对数坐标纸上绘制标准曲线。每次测定均应同时绘制标准曲线。从标准曲线上读取试液的氟离子浓度。

（六）分析结果计算和表述

1. 饲料中氟含量计算

饲料（除饲料添加剂级磷酸盐外）按式（2－26）计算出试样中氟的含量：

$$X = \frac{\rho \times 50 \times 1000}{m \times 1000} = \frac{\rho}{m} \times 50 \qquad (2-26)$$

式中 X——试样中氟的含量，mg/kg；

ρ——试液中氟的浓度，g/mL；

m——试样质量，g；

50——测试液体积，mL。

磷酸盐按式（2－27）计算出试样中氟的含量：

$$X = \frac{\rho \times 50 \times 1000}{m \times 1000} \times \frac{100}{5} = \frac{\rho}{m} \times 1000 \quad (2-27)$$

2. 结果表示

每个试样取两个平行样进行测定，以其算术平均值为结果，结果精确到0.1 mg/kg。

（七）允许差

同一分析者对同一饲料同时或快速连续地进行两次测定，所得结果之间的相对偏差：

（1）在试样中氯含量小于或等于50 mg/kg时，不超过10%；

（2）在试样中氟含量大于50 mg/kg时，不超过5%。

思考题

1. 均匀度指标适用于评定哪些饲料？
2. 重金属指标适用于评定哪些饲料？
3. 鱼油的质量要求有哪些？
4. 玉米的质量要求有哪些？
5. 大豆饼粕的卫生指标是什么？
6. 碳酸钙中的钙含量如何测定？
7. 维生素A的有效含量如何测定，其质量要求有哪些指标？
8. 蛋氨酸含量如何测定，其质量要求是什么？
9. 饲料添加剂中重金属铅含量测定方法是什么？
10. 菜籽饼粕、棉籽饼粕、亚麻饼粕中一般测定的卫生指标是什么？

第三章　配合饲料质量评定

配合饲料质量的评定是从饲料和动物两方面进行全面评价的，必须测定饲料中营养物质的含量以及饲料营养物质在动物体内的营养效果，定量评定饲料的营养价值和质量。常规的理化方法可直接检测配合饲料质量，方法成熟、简便，可及时对配合饲料的质量作出评价。但这种评价有局限性，它只对配合饲料产品质量的化学特性作出评价，不能反映饲料产品在动物体内的营养有效特性，养分在动物体内的吸收利用及转化为动物产品的效果。配合饲料的使用价值要经过动物的饲用才能实现。因此，只有采用科学的动物饲养试验，才能真实地评价饲料产品质量。

第一节　饲养试验概述

饲养试验是在实际生产条件下，按照生物统计对试验设计的要求，选择一定数量符合统计要求的试验动物，控制非测定因素一致或相似后进行分组饲养，通过比较各组获得的结果，借助特定的统计方法，对试验结果做出及时判断。狭义的饲养试验系指生长试验，即在接近实际生产条件下，饲喂动物已知营养物质含量的饲粮，观测动物的生长性能、体尺特性或健康状况，以评定饲料营养价值。广义的饲养试验还包括消化试验、代谢试验、屠宰试验、血液及组织理化指标测定等，以研究营养物质的代谢利用规律及生理生化分子机制等。在进行饲养试验之前要充分考虑生物统计对试验设计的要求，要根据试验目的、试验动物的情况以及环境条件，进行适宜且可行的饲养试验设计。

一、试验设计方法

在动物营养的饲养试验中，常用的设计方法有：配对设计、完全随机设计、随机区组设计、交叉设计、拉丁方设计和正交设计等。

（一）配对设计

为了消除或降低某种干扰因子对试验指标的影响，使对照组和不同处理组的动物尽量一致，采用配对设计（paired design）。即选择各方面条件相同的试畜，双双搭配成对，同一对内的试畜应尽量一致。将每对分别分配到对照组和处理组。理想的配对是同窝、同性别、同体重的个体。同一试验对象的前后两次观察值，都可以认为是配对的。但若找不到配对动物，也不要勉强配对。在动物营养研究中，配对试验与对照试验的适用范围并无多大差异，主要视试验动物的情况而定。

例如，为研究不同喂奶方法对初生仔猪生长性能的影响，分别从 10 窝初生仔猪中选择 20 头仔猪，每窝中的两头配成一对，共 10 对，编号为 1 ～ 10 号，用随机法将每对中的两头分别分到甲、乙两个处理组中。设计方案见表3-1。

表3-1 不同喂奶方法对初生仔猪生长性能影响配对试验设计

配对编号	1	2	3	4	5	6	7	8	9	10
配对中第一只仔猪组别	甲	乙	乙	甲	乙	甲	甲	甲	乙	乙
配对中第二只仔猪组别	乙	甲	甲	乙	甲	乙	乙	乙	甲	甲

（二）完全随机设计

完全随机设计（completely randomized design）是按因子设计水平数目，将试畜随机分组，然后配到各个处理中去，使每个试验单元都有相同的机会接受某个处理。该试验设计要求供试动物除处理因素的水平之外，其试畜来源、管理和环境条件等尽量一致，使影响试验结果的因素在各组中都相同，互相抵消，突出不同处理的影响。

完全随机设计是最简单的试验设计方法，可用于单因子试验，也可用于多因子试验。完全随机设计的实质是随机分组。随机分组可以通过抽签或利用随机数字表来进行。

例如，研究日粮中赖氨酸水平对育肥猪生长性能的影响试验，可在同一个猪场内选择品种、年龄、体重基本一致的健康育肥猪60头，随机分为3个处理组，公母各半。每头猪有编号（1～60号，其中单号表示公猪、双号表示母猪），具体方案如表3-2所示。

表3-2 日粮中赖氨酸水平对育肥猪生长性能影响随机分组设计

处理	赖氨酸0.55%组	赖氨酸0.65%组	赖氨酸0.75%组
猪只编号	1、5、7、23、25、27、37、39、41、57、8、12、14、20、22、32、38、50、52、54	3、11、15、29、33、35、43、45、51、55、2、4、6、10、24、26、28、34、36、48	9、13、17、19、21、31、47、49、53、59、16、18、30、40、42、44、46、56、58、60

分组时出现各组猪只数不等时，再将数量多的组，同样以随机的方法选出，调到另一组。分组后预试验，观察猪只的生长及健康情况，必要时可调整或淘汰。在正式试验开始和结束时，应连续2 d，在空腹16 h后称重。

该设计如果是分成一个对照组和一个试验组，用t检验；两组以上，用F检验，进行不同处理结果的统计分析。

（三）随机区组设计

随机区组设计（randomized block design）是根据局部控制的原则，将各方面情况和来源基本相同（如同窝、同性别、体重基本相同）的动物划归为一个单位组，每一个单位组内的动物数等于处理数，并将各单位组的试验动物随机分配到各处理组。

随机区组设计是发展了的配对设计，用于两组以上的试验。如果试验规模过大，组间难以达到条件一致，可采用该设计方法，这样可把组间误差单独分开，从而突出了试验因子的差异程度。该试验设计要求同一区组内的试验动物应尽量一致，不同区组间的试验动物允许存在差异，但每一区组内动物的随机分组必须是独立进行的，每种处理在一个区组内只能出现一次。在饲养试验中，常把试验场、同一试验场内的不同畜舍、试验日期、家畜的性别和胎次等作为设置区组的因素。

例如，研究生长猪的赖氨酸适宜添加水平的试验，如果试验猪来自三个养猪场，尽管猪的品种、年龄、体重和以前的饲粮基本一样，但为了考察不同环境、水质等是否给试验带来影响，就可把三个养猪场看成三个区组，采用随机区组试验设计。从三个养猪场共选出 72 头生长猪研究生长猪的赖氨酸适宜添加水平，每个养猪场选 24 头（公母各半）分为 3 组，三个具体分组情况如表 3－3 所示。

表 3－3　生长猪的赖氨酸适宜添加水平随机区组设计

处理	第一养猪场（区组）	第二养猪场（区组）	第三养猪场（区组）	总数（头）
赖氮酸水平 1	8	8	8	24
赖氮酸水平 2	8	8	8	24
赖氮酸水平 3	8	8	8	24
总数（头）	24	24	24	72

采用随机区组设计时，应注意以下几个问题：

（1）在系统误差比较大的情况下，把它分离出去（设置区组）十分有利。但分离区组减少了误差自由度，从而降低了检验的精确性。

（2）如果因子各水平对区组的反映缺乏相似性，就不能把各个区组的试验结果合并。同时，试验因子与区组有交互作用时，不应采用无重复的随机区组设计。

（3）随机区组设计与一些复杂的试验设计相比，分析简单，处理数与重复数没有严格的限制。

（四）交叉设计

交叉设计（cross-over design）是指处理因素在不同个体和期间进行对照，即在同一个试验中将试验单位分期进行，交叉反复两次以上的试验设计方法，也称为反转试验设计。

在畜禽的饲养试验中，当选择遗传及生理等方面相同或相似的试验动物较困难时，为了提高试验的精确度，常采用交叉设计法。常用的有 2×2 和 2×3 交叉设计。

例如，考察一种青贮饲料对泌乳奶牛的产奶性能的影响，可设置对照日粮组和青贮日粮组两组，即两个处理，选择品种、年龄和产奶性能等条件相近的奶牛 6 头，随机分为两组，每组 3 头，预饲期为 1 周，试验期为 2 周，采用 2×2 交叉设计，方案如表 3－4 所示。

表 3－4　青贮饲料对泌乳奶牛的产奶性能影响 2×2 交叉设计

组别	试验期	
	试验期Ⅰ	试验期Ⅱ
第一组	对照日粮	青贮日粮
第二组	青贮日粮	对照日粮

这种方法的优点是可消除个体和不同试验期间的误差，能用较少的试验动物获得较高的精度，但必须满足下列条件：① 忽略因子间的交互作用；② 没有处理残效；③ 各组试畜头数应相等。

（五）拉丁方设计

拉丁方设计（latin square design）常用于产卵家禽和泌乳母牛短期的试验和饲料养分消化率的测定。因试验时间短，同一动物可在不同时间内接受多种试验处理。当研究的因素较多时，该方法可以减少试验动物的数量，仍可评定处理效应。每个因素必须有相同的处理水平或重复。该方法常用于产奶试验中，因胎次和泌乳阶段会影响采食量。

例如，用3头乳牛进行3种不同饲料配方对其泌乳性能影响的试验。由于不同只牛的泌乳性能有较大的差异，即使是同一只牛，在其一个泌乳期的不同泌乳阶段的泌乳性能也有较大差异。为了消除不同只牛和牛的不同泌乳阶段对泌乳性能的影响，选用3头同一胎次、产犊日期相近的母牛，考查3个阶段的泌乳性能，每头牛在不同的泌乳阶段饲喂不同的饲料，采用3×3拉丁方设计的方案，如表3－5所示。

表3－5　3×3拉丁方设计的方案

试验期	牛号		
	1	2	3
第一阶段	饲料配方1	饲料配方2	饲料配方3
第二阶段	饲料配方2	饲料起方3	饲料配方1
第三阶段	饲料配方3	饲料配方1	饲料配方2

（六）正交设计

正交设计（orthogonal design）是利用正交表安排和分析多因素试验的一种设计方法。在某些情况下需要考察多个因子，每个因子又想考察几个不同的水平，按复因子设计处理组也太多，而某些因子的某些水平又没有多大的必要，此时可考虑采用正交设计。

该设计的特点是在试验的全部水平组合中有规律地选取具有代表性的部分组合进行试验，即用部分试验来代替全面试验，通过对部分试验结果的分析，全面了解试验的情况，是安排多因素试验、寻求最优水平组合的一种高效率试验设计方法，既考虑了多因子多水平，又不扩大试验规模。

正交设计的实施依据是根据选定的因子和水平数合理选择正交表，然后按表列出试验方案。并使用正确的统计分析方法。由于多因素的交互作用随着因素的增加而逐渐变小，所以三因素以上的正交试验一般不考虑交互作用。

正交设计适用于多因素、多指标、试验周期较长、试验误差较大的试验，尤其适用于研究营养物质间的合理配比。

例如，研究断奶仔猪消化能、蛋白质和赖氨酸的需要量，如果每个因素设3个水平，在不考虑因素相互作用的情况下可采用L9（3^4）正交设计，如表3－6所示。

表 3－6 断奶仔猪消化能、蛋白质和赖氨酸需要量三因素三水平 L9（3^4）正交设计表

组号	消化能	蛋白质	赖氨酸
1	1	1	1
2	1	2	2
3	1	3	3
4	2	1	2
5	2	2	3
6	2	3	1
7	3	1	3
8	3	2	1
9	3	3	2

表中水平只是代号。1 组表示接受 3 个因素的第一水平；2 组消化能是第一水平，其余都是第二水平，以此类推。从试验结果可确定哪一组最好，也可进一步做方差分析。

二、数据统计方法

试验数据的统计方法直接关系到结果的准确性。选择不同的方法结果有一定的差异，所以每个饲养试验须根据试验目的和试验设计作出正确的统计方法选择。家禽饲养试验常用统计处理如下。

（一）t 检验

t 检验是针对样本均数和总体均数的差异显著性检验或两个样本均数的差异显著性检验，后者又包括配对试验和非配对试验两种情况，前提条件是两个样本来自于同一个总体，试验数据须符合 t 分布。

（二）方差分析（F 检验）及多重比较

方差分析是针对多个样本均数的差异显著性检验。如果方差分析 F 检验不显著，一般不再继续进行均数间的多重比较，除非在试验中有特殊的安排或发现有个别突出的处理；但方差分析 F 检验显著就要进行多重比较。多重比较的方法主要有：最小显著差数（LSD）法、邓肯（Duncan）氏新复极差法（SSR）、Turkey 氏固定极差法和 q 检验等。一个试验选用何种多重比较方法，主要应根据否定一个正确假说和接受一个不正确假说的相对重要性确定。此外，检验水准的选择应根据具体的试验要求选取，始终选用 5% 的概率水准也并不合适，有些试验数据如果 $P<0.1$，则认为有趋势变化。

（三）趋势分析

饲养试验数据统计分析差异显著之后，还有必要再观察数据的变化规律，即趋势分

析，除了最基本的线性方法外，常见的曲线方法如下：

1. 抛物线模型

符合抛物线模型的条件是动物对某一营养素的反应呈曲线，且效应反应值对营养素摄入量不足和过量的反应是对称的。最常用的二次曲线模型，方程为：$y = a + bx + cx^2$，此曲线求最适需要量是通过求 y 最大值时所对应的 x 轴截点。有些剂量效应反应符合这种模型，但也有很多营养素的摄入过量时，会引起效应反应值下降，但其反应不一定与摄入量不足的反应对称，这样的剂量－效应反应数据不符合抛物线模型。

2. 折线模型

符合折线模型的条件是在一定剂量水平范围内，效应反应值是营养素剂量水平的线性或曲线函数，超过一定阈值后，剂量效应反应突然停止，呈平台期。常见的一种折线方法是线性上升折线模型（broken line model），方程为：$y = m + k(r - x)$（x 为营养素剂量水平值，y 为效应反应值，m 为最大值，r 为需要量）。另外一种折线方法是二次曲线上升的折线模型，方程为：$y = m + k(r - x)^2$，这两种方法均通过拟合两条直线的交点所对应的横轴截点作为某养分的需要量。

3. 双曲线模型

双曲线模型方程为：$y = a - bc^{-x}$（x 为营养素剂量水平值，y 为效应反应值，a、b、c 分别为生物参数）。此模型假设在一定范围内，反应值达到一个高峰值，且不随营养素摄入量的增大而减小。该模型的优点是，与抛物线模型相比，方程的系数都是重要的生物学指标估计值，便于推算具有不同反应特性群体的反应曲线。其缺点是营养素摄入量增加到一定量后，曲线仍在上升，容易过高地估计最佳摄入剂量。

4. 其他曲线模型

包括酶动力S曲线模型：$y = p + q/(1 + e^{r+cx})$；渐进线模型：$y = a + be^{cx}$；还有Reading模型、三参数逻辑斯谛模型（three-parameter logistic model）及四参数逻辑斯谛模型（four-parameter logistic model）等。这些模型一般通过总反应的95%所在曲线上的 y 值对应的 x 值求得最适需要量。Pesti博士等的软件方法可用计算机模拟上述多种方法，从中筛选出最佳拟合曲线。

三、试验报告写作

论文写作格式分为三个主要部分，即前置部分、主体部分和附录部分。前置部分包括题目、作者单位、作者署名、内容提要、关键词；主体部分包括前言、材料和方法、结果、讨论、结论、致谢、参考文献、外文摘要；附录部分包括正文之外的测量参考方法、数据等。上述格式不是一成不变的，作者应根据文稿的内容、体裁及篇幅的长短撰写。

（一）文题（题目）

文题，是论文的总纲，是对论文的高度概括和综合。其特点是简明、具体、确切反映论文的特定内容。文题的作用是使读者一目了然，迅速了解论文的主要内容，以及便于选定关键词、做文摘、编制题录索引等。文题一要清楚、二要精练、三要准确、四要醒目。

（1）醒目。文题应确切地反映全文的特定内容，不抽象，不笼统，使读者阅后就明了本文的目的和意义，见题如见内容。

（2）简短。文题要简短、精练，一般不超过20个字，最多也不超过30个字；英文文题应不超过10个实词。文题中间不用标点，题末不用句号。

（3）准确。文题应准确地表达论文的特点内容，实事求是地反映研究的范围和深度，防止小题大做或小内容大标题，文题不符，文要切题，题要得体，名要符实。文题中不得使用疑问句。此外，尽可能不设副题，但在用正题不足以表达清楚时，可设副标题，并用圆括号或破折号与主题分开，位于正题之下。

（4）文题避免使用非公众知晓的缩略词语、符号、代号、公式等，外国人名、常见缩略词和符号（如DNA、ATP等）可以使用。此外，文题中的数字，均用阿拉伯数字，但作为名词或形容词的数字，如“十二指肠”不能写成“12指肠”。

（5）下列情况应在文题右上角加角注，并在页下列出角号及加注内容，如论文系某基金会资助；曾在学术会上报告过；论文系在进修或学习时的工作总结等。

（6）文题在论文中任何部分出现时书写应完全相同。

（二）作者及其单位

论文的发表，均应署上作者、整理者和执笔者的姓名及其单位，这是表示作者对文稿内容的负责。同时还有确立论文作者版权的法律地位和便于读者、作者及编者的直接联系等问题。所以说署名涉及权利、责任、荣誉、联系问题，应予以认真对待。

作者署名是有条件的，凡自始至终参加研究工作、参与论文写作过程并作出主要贡献者，对该课题研究成果具有答辩能力并对全部内容负责者，论文执笔者，有条件署名。对于参加局部工作者、审稿者、校对者、提供部分资料者等单位及个人，可列入致谢中。

论文作者署名一般不超过6人，并按贡献大小顺序排名（不应按职位高低和学术威望以资格排）。第一作者应是选定课题和参加研究主要过程，并作出主要贡献，以及论文责任主要承担者。集体设计、协作完成的，署集体名称。由个人设计完成的署个人名字。多学科综合研究课题的署名，应按课题组组长在前，余者按贡献在后排列。

作者署名位于文题之下居中，与单位名称之间空一格（也有作者在前，单位在后）书写签名。译文文摘的署名，应写在全文末右下方，用圆括号括起，译者与校者之间空一格。部分期刊要求在单位前加注邮政编码。

（三）摘要

摘要是以最少的文字向读者介绍论文的主要观点和主要内容，是论文内容不加注释和评论的简短陈述，是全文内容的高度浓缩和全文的精华所在。它要以准确而简洁的语言，说明论文的研究目的、意义和范围（即研究的宗旨和解决的问题）；基本步骤和方法（即研究对象、途径、实验范围、分析方法）；主要结果（包括重要数据）；主要结论（关键结论）和发现；经验教训和应用价值。上述内容并非均得写，但要写清能表现该论文特点的部分。

内容提要不分段，字数以 100 ～ 300 字为宜，多亦不超过 500 字。外文摘要不超过 250 个实词（或 1000 个字符）。论文在 3000 字以下可不附提要。内容提要写在作者署名之后，正文之前。在写法上不宜用第一人称叙述，不用第一人称单数；也不用疑难词、缩写词语，以及图、表、化学结构式、公式和非公众所用的符号、术语等。

（四）关键词

关键词，是从文稿内容中提炼出来的最能反映论文主要内容的名词、词组或短语，即为最能说明全文含义的词。它可编制索引和为检索系统使用。关键词标引的要求如下：

（1）要求是文稿论述的核心（如论述课题、直接目的和结果、重要手段和方法的创新、出现次数最多等）。

（2）要求用定型的名词（多是单词或词组），要写原形词而不用缩写词。其概念要精确，有较强的专指性。在汉语和英语中均有一词多义或一义多词现象，应以《汉语主题词表》中的词为准，并注意关键词的中文排列顺序。

（3）下列情况不作为关键词标引：化学分子式、未被专业公认的缩写词、常规技术和尚不够成熟的某些概念，以及无检索价值的概念等。

每篇论文标引关键词 3 ～ 8 个，列于内容提要下，各词间无标点，各词间空一格书写，最后一个词亦不加标点。外文字符除专用名词的首字要大写外，余者均小写。

（五）前言

前言是论文主体部分开端的一段短文，是对正文主要内容的简要说明，起到提纲挈领的作用。使读者在阅读文题、摘要和引言后，不仅了解该文的主要内容和观点，并感受有参考价值和通读全文的必要。前言应包括以下内容：

（1）该研究内容的起源、目的、范围、途径、方法、起止时间、结果及意义。

（2）该研究工作的历史背景和国内外的研究进展回顾（包括前人的研究及其结论和存在问题、有关论文的回顾等）。

（3）资料来源和搜集方法，以及该研究工作已发表的论文及结论。

（4）该研究工作的设想、研究方法、实验设计、预期结果和实际意义。

前言要求开门见山，抓住中心、简明扼要、言简意赅。文字少而精，一般写 200 ～ 300 字，约占全文的 1/10。但较短的论文不写前言。此外，在前言中提及该研究估价用“首次报道”“首创”“国际先进水平”等要十分慎重。

（六）材料与方法

材料与方法，是论文科学性的基础，是论文的科学依据，对论文的质量起着重要作用，故应叙述得具体而真实，便于理解，供他人学习或重复验证。

1. 材料

（1）试验动物：名称、种类、品系、数量、年龄、性别、来源、健康状况、分组标准和方法等。

（2）试验日粮和饲养管理：饲养方式、饲料配方、饲喂方法、饲养环境等。

（3）试验仪器设备和试剂：名称、规格标准、型号、出厂名及日期、试剂浓度及批号、操作规程以及注意事项等。

（4）采样和测定。

2. 方法

（1）动物分组法、饲养饲喂法、添加剂使用方法和剂量、注意事项等。

（2）测定方法、时间次数、观察、记录法、动物检查法、剖检法、畜产品测定法、生化指标测定法、饲养和环境条件控制法等。

实验中所用的方法，若为公认通用的方法，只写用何种即可；若用他人的方法，可引用参考文献并说明出处，无需展开描述。若为新创的方法和在既有方法上有改进、革新，则应详细描述，并要与原法比较说明。

（七）结果

结果是论文的核心，它反映了论文水平的高低及其价值，也是结论的依据和形成观点与主题的基础和支柱。由结果引发讨论和导出推理。其内容包括真实可靠的观察和研究结果、测定的数据、导出的公式、取得的图像等。结果部分必须如实、具体、准确叙述，数据作统计学处理。不符合主题设想的数据和结果，亦应作客观的报道。结果可分段叙述，并可设小标题。

结果表达形式有表、图、文字形式。

1. 表

表是简明的、规范化的科学语言。它易于比较，便于记忆。可使大量的数据或问题系列化，在论文中起着重要作用。表主要有统计学处理表、对照表、数据测定表、各种影响表、分布情况表、变化表、关系表等。表格要求简明扼要、重点突出、内容精练、科学性强、栏目清楚、数字准确，采用有效数字数据，遵循“奇进偶舍”的原则，统一实行以国际单位制为基础的法定计量单位。表宜少而精，凡能用文字表达清楚的就不用表。表的内容以数字为主，文字应从简，备注项可用星角号表示，需说明的项目应置于表注，而不应放在栏目里。结果统一为三线式表，表内不用纵线和横线，取消端线和斜线。表内计量单位要一致，同一项目保留小数位数应一致，上下行数字位数应对齐，合计数纵横相符，表内数字必须与正文相符。

2. 图

图是一种形象化的表达方式，它可以直观地表达研究结果，并可相互对比。图主要有线图、柱图（条图）、坐标图、点图、描记图和相片等。图要求主题明确、立体感强，尽量减少图表数据重复，正文内已写清楚的，可省去用图表示。图的设计应准确、合理、易懂，图中的字母、数码和符号必须清晰、匀整、大小适合，缩印后仍易辨认。

3. 文字

文字是表达研究结果的重要而又不可缺少的手段。力求用最少的文字、最简洁的语言把结果表达清楚。文字表达结果时，一般不宜引用参考文献。

（八）讨论

讨论是把研究结果提高到理论认识部分。讨论应从实验和观察的结果出发，从理论上对其进行分析、比较、阐述、推论和预测。讨论要以事实为依据，抓住重点，层次分明地展开，做到言之有物，论据充分。讨论中最好提出比较独特的见解，着重讨论新发现、新发明和新启示及其结论。讨论包括的内容如下：

（1）对研究结果的理论阐述，阐述中作者可应用已有的理论，也可应用国内外的新学说、新见解进行解释和讨论。运用该实验结果与他人的结果比较其异同，并解释其因果关系，从理论上对结果的各种资料、数据、现象等进行综合分析。此外，还可将该结果与国内外类似研究水平相比较，应居什么位置等。

（2）该结果及其理论和实践意义、应用价值（社会效益和经济效益）。

（3）该研究还存在的问题及其解决方法，并提出今后的研究方向、改进方法等建议设想。

总之，讨论要从内容出发，突出重点，紧扣题目，围绕一至几个“小核心”进行。讨论可设小标题，以提示讨论的中心内容，使内容有条理、有联系。讨论部分不能使用图和表，篇幅亦不宜过长，一般占全文的1/3 ～ 1/2。

（九）结论

结论是论文最后总体结语。它主要反映论文的目的、解决的问题和最后得出的结论。结论应写得简明扼要，精练完整，逻辑严谨，表达准确，并要与前言相呼应。结论可逐条列出，每条独成一段，文字简短，可由一句或几句组成，一般在100 ～ 300字之内，不用图表。结论要准确，对不能明确或无确切把握的结论，可用“印象”或“看来”“似乎”“提示”等留有余地的词。

结论有总结和小结之分。小结，用于篇幅短、内容少的原著论文之后。它只用较少的文字将内容写出来（主要写结果、结论、数据），主要目的在于阐明该文的成果和理论。总结，多用于综述或讨论类文稿，起着概括主题的作用。书写时，可将全文已论述的问题再扼要地概括一遍，并可发表作者的见解和观点。

（十）致谢

致谢是作者对在文中参加部分工作、协助完成本文及为本文给予一定帮助或指导的有关单位和个人表示感谢。其对象包括提出指导性建议者、资料提供者、技术协助者、帮助统计者、仪器材料提供方便者、捐赠、资助者、绘图者等。致谢，一般在正文后面。书写式为：

致谢：本文曾得到××帮助、审阅、指导；或本文承蒙××帮助、审阅、指导，谨此致谢。

（十一）参考文献

参考文献，不仅表明论文的科学依据和历史背景，而且提示作者在前人研究基础上的提高、发展与创新所在。同时，引用他人资料也是便于检索。引参考文献要求以原著为主，只选最新、最主要和亲自查阅过的列入，未发表者、译文、文摘、转载，以及内部资料、非公开发行书刊的文章和个人通信等，均不作为参考文献引用。

参考文献是科技论著的一个重要组成部分。科技期刊上发表的文章当引用他人文献时，著录参考文献可明确地标示引用他人的学术思想、理论、成果和数据，给出其来源，以体现科学的继承性和对他人劳动的尊重，又表明了科学的严肃性。参考文献的著录格式正确与否，影响读者的参阅和扩展分析，关系到信息能否准确存储、检索和交换。对论文及其作者、杂志编者的可依赖性的形象也有重大影响。

1. 文后参考文献表

参考文献的著录格式，按照GB7714—1987《文后参考文献著录规则》的规定，采用顺序编码制和“著者－出版年”制两种。顺序编码制是按文章正文部分引用的文献的先后顺序连续编码，著者－出版年制按照作者姓名的字母顺序排列。文献信息著录格式因文献形式而不同，专著、期刊文章、学位论文、报纸文章、国家和国际标准、专利文献各有要求，具体根据投稿杂志或刊物要求确定。

2. 文内引用参考文献的标注

文内标注按引用文献出现的先后顺序连续编码，并将序号置于方括号“［ ］”。根据具体情况，标注在相应位置：引文如写出原著者姓名，序号应放在著者姓名的右上角（见例1）；如未写著者姓名，序号应放在引文之后（见例2）；如参考文献序号作为文句的组成部分，则不作角码排印（见例3）；引用多篇文献时，只须将各篇文献的序号在方括号内全部列出，各序号间用“，”（见例4），如遇连续序号，可标注起止序号中间加“－”（见例5）。

例1：刘中源[1]指出我省年出栏肉牛100万头。

例2：畜牧业成为农村经济的支柱性产业[2]。

例3：间质细胞cAMP含量测定方法见文献[3]。

例4：动物产业可持续发展[8，9]。

例5：畜牧业产业化发展[1－6]。

序号标注应尽可能靠近有关引文，标注写在标点符号之前。如引文在全句之末，其中句号在引号之内，则应标注在引号之外（“……。”[X]），否则应标注在句号之前（“……”[X]。）

著者－出版年制按照文献出现的位置标注，单个作者如张三（2006）或（张三，2006）；两个作者如张三和李四（2006）或（张三和李四，2006）；三个作者以上如张三等（2006）或（张三等，2006）。

（十二）英文摘要

为促进国际科技合作，扩大信息交流，可写英文摘要，放于文章之前（也有放在结尾）。一篇形式完整的论文英文摘要，包括引言、方法、结果、讨论四部分，要与中文摘要相符。

四、试验步骤

（一）确定试验目的，明确试验目标

（略）

（二）选择试验设计方法

根据试验目的、实施条件、精度要求等确定设计方法，要反复考虑所用方法的可能性和现实性。

（三）制定研究方案

1. 试验动物选择和分组

在一般的饲养试验中，供试动物必须符合下列条件：

（1）供试动物的一致性，这是至关重要的条件：

① 供试动物必须健康无病，饮食欲正常；

② 品种、血缘、性别一致；

③ 营养、生长发育正常均衡，年龄与发育阶段相近，体重差异要小。

（2）有足够的供试动物。

对供试动物数量的确定应符合生物统计的要求，依动物种类、试验的具体条件及特定的要求而定。若数量太少则作出的结论根据不充分，数量过多又会造成实践的困难。总的试验动物规模取决于处理（水平）、因素、重复及重复内动物数量最终确定。根据不同研究的因素特点及动物的反应能力确定因素水平，水平的数目要适当，过多会增加处理数，过少会漏掉一些好的信息，致使结果分析不全面。各因素水平的排列一般可采用等差法、等比法或随机法 3 种。每个处理的重复数早在制订我国猪鸡饲养标准时提出了一些要求，家禽饲养试验规定每个处理至少应有 4 个重复，每个重复至少应有 30 只；在平衡试验中，每个重复在雏鸡阶段至少 8 只，在其他阶段至少应有 4 只；在比较屠宰试验和血液指标测定试验中，每个重复至少应有 4 只。生长育肥猪试验每个处理组不少于 8 头，母猪不少于 6 头，公猪不少于 4 头。断奶仔猪的分组可按随机窝组或母猪配对的随机区组方法进行。

2. 试验日粮配制

试验目的不同，日粮原料组成、饲料成分以及营养水平均有所不同，这些差异会直接影响到试验结果。试验饲粮要符合试验设计的要求，如果基础日粮的某些成分可能对试验结果产生直接影响，就需要配制特定日粮，比如采用纯合或半纯合日粮。例如在家禽试验中如果进行微量元素需要量研究，基础日粮中的微量元素含量如果很高，远远超过处理水平的话就需要配制特定的日粮，将其中的微量元素含量控制在比较低的水平。另外要注意饲料的配制，如果试验时间较长，试验饲粮将要配制几次时，所需原料要一次备齐，并妥善保管，防止变质。

3. 试验环境和饲养管理

（1）场地、设备。

（2）卫生消毒、免疫程序。

（3）饲养期温度、湿度、通风、光照、饲养密度等环境控制。

注意在安排试验动物时，尽可能在不同的环境区安排有每个处理的一个或几个重复。

（4）饲喂方式：一般以重复为单位采用自由采食的饲喂方式。

（5）试验期；试验期的长短以研究目的和反映试验效果而定。可以设置预试期，使试验动物适应环境，对不合适的动物进行调整或淘汰，为正式试验做好准备。预试期的长短可根据具体情况而定，一般预试期的动物数量要多于正式期。

4. 考查指标及分析测定

（1）样品采集、制备。

正确选择采集样品及制备方法，包括采样时间、部位、样品制备方法、样品保存环境、存放时间及有关标识等；

（2）指标测定与化学分析。

测试指标的选取要以能客观反映试验因子作用的效果为前提，既要考虑针对性和灵敏性，又要考虑测试条件的局限性。生长试验通常选日增重、饲料转化率等容易测定的生产性能指标作为测定指标，而对于某些生理生化指标的选取则需要认真考虑，某指标与试验因子的因果关系，要紧扣试验目的，说明不了问题、没有针对性意义的指标则可以不选。就营养需要量而言，衡量指标不同，需要量有很大差别。所以，测试指标的选取并不是一成不变的，要根据多种条件综合考虑，才能得出客观的规律。

实验室化学分析要注重方法和仪器设备的选择。试验测试方法要规范，尽量选择国家标准测定方法或国际标准方法，进行回收试验，确保仪器精密度合格，另外还要测定人员熟练，要针对指标固定，进行平行测定等。

（3）数据记录。

① 试验数据的记录准确而完整。保证数据真实准确收集和记录，并有专人保管、详细标记。

② 对原始数据要及时整理，及时发现测定过程中疏漏或记录不详的数据，分析可疑数据的原因，确定是否可用。

③ 确认无误的数据，根据统计学原理剔除或按缺值处理，通常根据平均数加（减）二倍标准误差确定合适范围，剔除不符合统计要求的数据。

5. 统计方法

根据试验目的和试验设计方法确定相应的数据统计方法。

6. 经费计划

主要指购置试验材料所需的费用，也包括试验场地及用工补贴、试验样品的分析测试、资料的分析处理、文字材料的打印等各种费用。总之，对试验经费的预算应当全面合理，杜绝遗漏或贪多，要体现节约的原则。

（四）实施试验

（1）人员、场地和日常工作任务安排。为了使试验能够顺利地按期完成，应说明完成试验的时间、地点、参加单位人员及分工，以便于在试验过程中进行检查与督促。

（2）按照研究方案做好生产性能测定、数据测定记录保存等工作，完成试验及统计分析。

（五）试验报告和试验论文

一个完整的饲养试验报告就是一篇科研论文。自然科学（如动物科学）的论文，是指讨论或研究其学术问题中议论说理的文章；也可以说凡是直接阐述动物科学中客观事物的道理，反映其本质、规律及特殊现象，以表明研究者的见解和学术观点的文章，即为论文。

论文写作是科学研究的重要组成部分，也是最后的重要阶段。一项研究课题，只有在写出论文并发表后才算完成。

第二节　生长试验

实验二十五　肉鸡生长试验

（一）试验目的

设计一个饲养试验方案进行试验，观察不同配方对动物生长性能的影响，使学生了解并掌握饲料配方设计的重要性，掌握如何通过动物试验评价饲料配方的质量和筛选最佳日粮配方。

（二）试验材料

饲料原料：玉米、小麦皮、豆粕、鱼粉、玉米蛋白粉、磷酸氢钙、石粉、食盐、多种维生素、各种微量元素盐、非营养性饲料添加剂等。

养鸡设备：栏、笼、料槽、饮水器等。

配料设备：称量工具、搅拌设备等。

试验动物：黄羽商品代肉鸡。

（三）试验范例

题目：现有 0～4 周龄黄羽肉鸡四种日粮，通过饲养试验评定其生长性能效果。

第一步：确定试验设计方法。

采用单因子完全随机试验设计，设置 1～4 处理组，分别采用不同日粮配方，除配方组成不同外，其他条件一致。

第二步：选定试验动物及分组。

选用 160 只 1 日龄同批出生、体重相近、健康的三黄鸡，随机分为 4 个试验处理组，每个处理 4 个重复，每个重复 10 只鸡。饲养试验期 21 天。

第三步：配制试验饲粮。

根据试验目的设计四种不同营养水平的 0 ～ 4 周龄黄羽肉鸡配方。

四种全价配合日粮配方组成见表 3 - 7，日粮营养水平含量见表 3 - 8。

表 3 - 7 全价配合日粮配方组成（%）

原料	配方 1	配方 2	配方 3	配方 4
玉米				
豆粕				
麦麸				
玉米蛋白粉				
鱼粉				
大豆油				
2 水合磷酸氢钙				
贝壳粉				
蛋氨酸				
食盐				
预混料				
合计	100. 00	100. 00	100. 00	100. 00

预混料为每千克饲粮提供：VA 8 000 IU，VD_3 1 250 IU，VE 10 IU，VK_3 0. 55 mg，VB_1 2. 25 mg，VB_2 3. 75 mg，VB_6 2. 25 mg，VB_{12} 0. 015 mg，*D* - 泛酸 10 mg，烟酸 35 mg，叶酸 0. 60 mg，生物素 0. 15 mg，胆碱 1 000 mg，Cu 8 mg，Mn 80 mg，Fe 80 mg，Zn 60 mg，I 0. 35 mg，Se 0. 15 mg。

表 3 - 8 全价日粮营养水平（风干基础）

营养水平	配方 1	配方 2	配方 3	配方 4
代谢能/($MJ \cdot kg^{-1}$)				
$w_{粗蛋白}$/%				
$w_{钙}$/%				
$w_{总磷}$/%				
$w_{蛋氨酸}$/%				
$w_{食盐}$/%				

第四步：确定试验地点，准备好饲养设备，开始试验。

饲养之前先对试验场地及周边进行严格的清扫和消毒，对鸡笼、粪盘、料槽和水槽进行清洗和消毒。采用三层叠层鸡笼（70 cm × 60 cm × 35 cm）饲养，笼子底部铺有塑料垫网，试验过程鸡只自由采食和饮水，每天喂料两次，喂料时间分别为上午 8：00 和下午 6：00，采用粉料饲喂。控制温度、湿度，采用自然通风，光照为自然光照和人工光照。定期打扫卫生，保证鸡舍的清洁。进行常规免疫。试验期间温湿度见表 3 - 9，黄羽商品代肉鸡免疫程序可参考表 3 - 10，饲养实习人员日程安排见表 3 - 11。

表 3－9 1～4 周龄三黄鸡鸡场温湿度

周龄	温度/℃	湿度/%
1	32～35	65～75
2	29～32	60～70
3	26～29	55～60
4	23～26	45～55

表 3－10 0～4 周龄三黄鸡免疫程序表

日龄	日龄	用法与用量
1	马立克 814 液氮疫苗	颈部皮下注射 1 羽份
1～3	新支安活疫苗	滴鼻、点眼 1 羽份
8～10	新支安或新支 H120 二联活疫苗	滴鼻、点眼 1～2 滴
8～10	新城疫－禽流感（H9）二联灭活	颈部皮下注射 0.3 mL
12～14	囊都安活疫苗	滴口 1.2 羽份
15～16	鸡毒支原体活疫苗	点眼 1 羽份
15～16	禽流感（H5）灭活疫苗	颈部皮下注射 0.3 mL
24～30	鸡痘活疫苗	无毛处刺种 1 羽份

表 3－11 饲养实习人员日程安排

日期	工作人员	执行任务
1		
2		
……		
28		

第五步：指标测定。

分别以重复笼为单位称取三黄鸡 1 日龄空腹初体重。以重复笼作为单元，每周末称空腹体重，每天称量给料量和剩余料量。试验最后计算平均日增重（ADG）、平均日采食量（ADFI）、耗料增重比（F/G）。计算公式：

（1）平均日增重（g/d）=［试验末体重（g）－试验初体重（g）］/试验天数（d）

（2）平均日采食量（g/d）=总采食量（g）/试验天数（d）

（3）耗料增重比（%）=平均日采食量（g/d）/平均日增重（g/d）

黄羽肉鸡采食量记录见表 3－12；体重记录见表 3－13。

表 3－12 采食量记录表

单位：g

	重复笼	第 1 天	第 2 天	第 3 天	第 4 天	第 5 天	第 6 天	第 7 天	余料重	耗料重
配方 1	1－1									
	1－2									
	1－3									
	1－4									
配方 2	2－1									
	2－2									
	2－3									
	2－4									
配方 3	3－1									
	3－2									
	3－3									
	3－4									
配方 4	4－1									
	4－2									
	4－3									
	4－4									

表 3－13 体重记录表

单位：g

配方	重复笼	初始	1 周末	2 周末	3 周末	4 周末
配方 1	1－1					
	1－2					
	1－3					
	1－4					
配方 2	2－1					
	2－2					
	2－3					
	2－4					
配方 3	3－1					
	3－2					
	3－3					
	3－4					

续上表

配方	重复笼	初始	1 周末	2 周末	3 周末	4 周末
配方 4	4 - 1					
	4 - 2					
	4 - 3					
	4 - 4					

第六步：数据统计与分析。

数值以“平均值 ± 标准差”表示。采用 Excel 进行初步整理，采用 SAS 软件中一般线性模型（GLM）程序进行单因子方差分析，方差分析差异显著者，以 LSD 法比较平均数间的差异显著性，以 0.05 作为本研究中各项数据的差异显著性检验水平。

第七步：以表格形式列出结果。

见表 3 - 14。

表 3 - 14　生长性能结果

处理组	末重（g）	平均日增重（g）	平均日采食量（g）	耗料增重比
配方 1				
配方 2				
配方 3				
配方 4				
P 值				

第八步：写出试验报告。

试验报告要求分组完成，参考文献不少于 20 篇。

排版格式要求：

① 一级标题：四号宋体、加粗、左对齐。

② 二级标题：小四号宋体、加粗、左对齐。

③ 正文：五号宋体、行间距 18 磅、两端对齐。

④ 页边距：左右 2.15 cm，上 3 cm，下 2.2 cm。

⑤ 图表均需有编号和名称，图名在图下面，表名在表上面，并应严格按照其在文章中出现的顺序用阿拉伯数字进行编号。

⑥ 引用格式参考动物营养学报。

⑦ 内容 6000 字左右。

第三节　消化代谢试验

动物的消化试验是采用一组或多组试验动物控制在适宜条件下和一定时期内，测定其食入与粪中排出的养分量，以计算出试验饲料中养分的消化率和消化能。

动物食入的某饲料养分减去粪中排出的该养分，即称可消化养分。消化率就是指饲料中某养分的可消化养分占饲料中该养分总量的百分率，可用公式表示为：

养分消化率 =（食入饲料养分量 - 排出粪养分量）/食入饲料养分量 ×100%

消化能 = 食入饲料总能 - 排出粪能量

按以上方法测得的养分消化率称为表观消化率，表观消化率普遍被采用来评定饲料的消化性能。根据收集方法不同，消化试验可分为全收粪法和指示剂法。因收粪的部位不同，全收粪法又可分为肛门收粪法和回肠末端收粪法。指示剂法也可分为内源指示剂法和外源指示剂法。

动物代谢试验是在消化试验的基础上增加尿液的收集，对反刍动物还要增加 CH_4 收集，得出饲料代谢能和各种养分代谢率或存留率。代谢平衡试验是测定饲料代谢能及研究各种营养物质新陈代谢及其平衡规律的重要手段。

存留率 =（食入饲料养分量 - 排出粪尿养分量）/食入饲料养分量 ×100%

代谢能 = 食入饲料总能 - 排出粪尿能量

实验二十六 猪饲料消化率测定

（一）原理

猪饲料消化率是指未经过粪排出，从而假定猪体降解和吸收的那部分饲料物质占其食入饲料物质总量的比例，用百分数表述。用待试饲料饲喂试验猪，掌握采食量，并收集粪便掌握排粪量，分别测定饲料、粪样中营养物质的含量，计算可消化营养物质的量、消化率和消化能。

（二）仪器设备与药品试剂

以用 5 头猪进行一种饲料的消化率测定为例，其中可公用的仪器设备已予注明，见表 3 - 15、表 3 - 16。

表 3 - 15 仪器设备

序号	名称	规格说明	数量	备注
1	样品粉碎机	带 40 目标准筛	1 台	公用
2	电烘箱	50 ～ 150℃可调控	2 台	公用
3	磅称	称量 200 kg，感量 0.1 kg	1 台	公用
4	台秤	称量 10 ～ 15 kg，感量 5 g	1 台	公用
5	药物天平	称量 500 g，感量 0.01 kg	1 ～ 2 架	公用
6	冰箱	家用，160 L	1 台	公用
7	粪铲	大、小各种	各 2 ～ 3 把	公用

续上表

序号	名称	规格说明	数量	备注
8	搪瓷盘	32 cm×45 cm	2～3个	公用
9	铝桶	带盖，口径32 cm	5个	每猪一个
10	搪瓷盘	20 cm×30 cm	5个	每猪一个
11	培养皿	11～15 cm	100～150个	
12	塑料袋	30 cm×45 cm	80～100个	
13	称量瓶	25～30 mL	15～20个	
14	样品瓶	250 g	10～15个	
15	喷雾器	农用	1个	公用
16	手套	家用绒里，大小自定	3～5双	
17	口罩	医用保健	3～5个	
18	小刀	漆工用	5把	

表3-16 药品试剂

序号	名称	规格说明	数量	备注
1	硫酸或酒石酸	分析纯	500 mL	防止氮逸失
2	氯仿	分析纯	500 mL	粪样防腐
3	蒸馏水	普通一蒸水	2000 mL	稀释用
4	酒精	医用消毒酒精	500 mL	做成棉球
6	来苏尔	医用	500 mL	喷洒环境消毒
7	各种分析试剂	分析纯	适量	饲料及粪样化学分析

（三）实验方法与步骤

1. 试猪的选择与饲养管理

为了尽可能地消除各种因素对消化试验结果的影响，对试猪的选择至少应注意以下几点：

（1）应选择经驱虫、免疫注射，并无任何疾病迹象，生长发育、营养状况、食欲与体质均系正常的猪为试验猪，确保试验猪只具有一定的代表性。

（2）同一测定猪的品种、性别必须一致，日龄、体重、血缘关系和发育阶段等应基本相同，测定日粮或饲料消化率时用体重在30～60 kg、猪龄在3～5月龄的去势公猪，因为此阶段的公猪食欲旺盛，对新饲料、新环境的适应能力强；用公猪便于粪尿分开，可减少尿液对粪的污染；公猪去势后相对地要比未去势公猪性情温驯，易于调教与管理。

（3）试验猪的头数应根据试验目的以及要求的精度来确定。一般为测定一个饲料的消化率初选时不宜少于5头，最后选留头数不得少于3头，在比较猪对不同日粮或饲料养分消化率时，可用拉丁方设计，这可消除猪个体的差异，而且还可增加试验结果的数据，进行方差分析时，其自由度以不少于15为佳。

试验猪的饲养管理除喂料与清扫粪便依据试验设计的要求外，其余管理措施均应按常规操作规程执行，如每日给予试猪以充足清洁的饮水任其自由饮用，夏季注意防暑降温；冬季注意防寒保暖等。

为了方便集粪，有条件的最好将试验猪置于消化代谢试验笼内进行个体笼养。笼的大小以猪可以在内前后走动和起卧，却不可以转身为宜。无此条件时，也可将原猪舍进行适当改装，确保做到个体饲喂和相互间的粪便无污染混杂，对猪舍的地面要求是平整、坡度在5% ～7%之间的水磨石地面或水泥地面。

2. 饲料准备与饲喂

进行消化试验用的饲料，其养分含量应能满足供试猪的基本营养需要，养分含量过高或过低均不能得到正确可靠的消化率测定结果，为此应重视饲料配方的设计。

配方确定后即应根据喂养试验猪的头数，耗料量等一次备齐备足整个消化率测定过程所需的各种饲料（包括矿物质、维生素添加剂等）与数量，切忌在消化试验的中途更换饲料来源，以免影响试验结果。

试验用的精料应事先配制好。若试验料中含有青、粗料，则青、粗料应预先备足数量，然后在每次饲喂前取规定量与每次的精料充分混匀后一起饲喂。切忌将青、粗料与精料分开饲喂。

3. 试验期划分及工作要点

（1）驯养观察期。

将选好的猪饲养在消化试验环境中，观察被选猪对新环境的适应情况；训练其定点采食、饮水和排粪；掌握食量和调整给料量，做到每次给料后能让猪食尽，少剩或不剩料。本期的时间长短无具体规定，视猪只情况而定。在这期间应逐渐改变饲料品种与饲养方式，直至饲料更换完成，试猪完全适应了新环境、采食正常、行为安逸后方可进入下一期的工作。有时也可在此阶段对猪进行驱虫和加强免疫注射等处理。

（2）预备期。

主要目的是使被选猪进一步适应新的饲料和新的饲养环境，掌握猪的排粪规律，使其消化道中非测定饲料的残渣全部排净，确保试验测定期收集的猪粪为测定饲料的残渣。本期一般为8 d。

进入预备期后，给猪禁食规定饲粮以外的饲料。按驯养观察期最后确定的每次给料量将试验期各头猪所需的饲料按饲喂次数分别称出装入塑料袋（每头猪每次一袋）编号备用。在预备期的最后三天开始定量饲喂（每次一袋）。

饲料样品的采集应区别情况。若测定稳定的精料型饲粮消化率时，应在预备期分装饲料时按四分法取得饲料样品，用常规法制样密封于样品瓶中置冷暗处保存，以备化学分析用，若是测定含有青、粗、精混合型的饲粮消化率时，精料样品仍在预备期采集。青、粗料样品则应在正式测定期的每次饲喂前取样。

（3）正式测定期。

准确测出试猪在这一阶段食入总干物质量和粪中排出总干物质量是消化试验结果可靠

的重要一环。考虑到猪只的消化道结构较长，排空速度较慢，为减少误差，正式收集测定期至少应有 6 d。此间的工作要点为：

① 采食量及采食干物质总量的测定与计算。理论上按驯养观察期确定的每次饲料喂量进行定量饲喂是很方便的，但实际上总会或多或少地出现剩料现象，因此，应详细记录每次的剩料量，并立即测出其干物质含量。对前次剩余的精料，应先从新袋中扣出一部分精料，然后将新袋中剩下的加上前次剩余的精料一起拌匀后作为本次饲喂试猪的精料。对含水量较多的青绿多汁及糟渣类饲料，应在每次临饲前都取 2 份（每份约 100 g）样品进行干物质的测定，以消除因每次饲喂的此类饲料的干物质含量不同给整个试验期食入干物质总量测定结果带来的影响。

② 排粪量及干物质排出量的测定与计算。正试期对试猪排粪的收集、记录与制样均应按试猪个体以天为单位分别进行，每天的界限以两日间排粪少或不排粪的时间为好。实践中可选择每天上午 9 点或下午 2 点作为天与天之间的分界点（食入饲料量的记录也以此分界点为准）。每天的集粪次数应当是随排随收，为此昼夜均需有专人值班。每次收集到的猪粪先放入一个带盖的铝桶中置冷暗处保存，待一天的粪收齐后混匀，按三种用途取样：（a）取每天排粪量的 10%（两份，每份不少于 50 g），平铺于培养皿中置 100 ～ 105℃烘箱内测定总水分，求其干物质含量；（b）取每天排粪量的 2%（两份，每份不少于 5 g），立即测定粪中的氮；（c）取每天排粪量的 20%（数量在 100 ～ 150 g 之间），平铺于搪瓷盘中，置 70℃烘箱内烘干（中途可轻翻几次，以利快干）取出室温下回潮，测初水分。然后磨碎过 40 目筛，贮存于样品瓶中，供吸附水及其他成分测定用，如果有防腐冷冻条件，上述三种用途的样品也可以每头猪为单位，按每天排粪量的固定比例留鲜样保存，待正试期收粪结束后，将 6 d 的鲜粪样集中混匀，一并进行取样处理和测定。

当无条件测鲜粪中氮含量且又无法保存鲜粪样品时，为防止鲜粪中氨态氮在粪样制备过程中的逸失，一般采用加酸固氮法。但用无机酸时往往会因无机酸与粪中有机物发生加水分解反应导致粪样干物质的绝对量减少，从而使氮测定结果的计算值偏高；同时，加无机酸后的粪样在烘干过程中稀酸浓缩会引起部分粪样碳化。目前认为较好的方法是在粪样中加入数量相当于所取鲜粪重的 1/4、质量分数为 10% 的酒石酸水（或乙醇）溶液，与粪样拌匀后连搅拌用的玻璃棒一起置于 70℃烘箱中烘干，按常规法制备样品。制样时切记将附着在器皿上的粪样仔细地用小刀全部刮下，避免损失或乱混。在分析粗蛋白质时，再测定粪样的吸附水，将样品折算成绝干物质后再扣除样品中的酒石酸量。酒石酸不含结晶水，纯品置硫酸干燥器中干燥 3 ～ 4 h 后即可称重配制溶液。无论怎样，对每日每头猪粪样的初水分含量最好随时测定。

③ 体重。在正式测定期的开始与结束时分别称取试猪的体重，供分析试验测定结果时参考。

（四）饲料及粪样的分析测定和折算

可根据需要进行干物质、有机物、能量、粗蛋白质、粗纤维、粗脂肪、无氮浸出物以及灰分的分析测定，并将以上各项指标在风干样品中的含量统一折算成绝干品样中含量，以方便消化试验测定结果的计算。

由风干基础含量折算为绝干基础含量的公式为：

$$A = B\% \times \frac{100}{100 - C} \tag{3-1}$$

式中　A——绝干基础的养分（成分）含量，%；

B——风干基础的养分（成分）含量，%；

C——风干样品中吸附水含量，%。

（五）试验结果记录及计算

饲料采食量、排粪量及其测定与计算见表 3-17、表 3-18，试验猪体重变化见表 3-19。

表 3-17　猪采食量及排粪量（风干重）

组别________ 测定人________ 计算人________ 复查人________

猪号	食入饲料/g					剩撒料量	采食量	皮重	排出粪/g					排粪量
	第1天	第2天	第3天	第4天	合计				第1天	第2天	第3天	第4天	合计	

表 3-18　猪日粮养分消化率

组别________ 测定人________ 计算人________复查人________

猪号	饲　料		排出粪		可消化量/g	消化率/%
	风干重/g	含量/%	风干重/g	含量/%		
	A	a	B	b	$A \times a\% - B \times b\%$	$(Aa - Bb)/Aa$

表 3－19 试验猪体重变化（kg）

猪号	试验前	试验后	增减情况	备注

实验二十七 家禽氮代谢率测定

一、全收粪法

（一）原理

根据代谢能及代谢率的概念，只要测出供试动物一定时间内食入饲料的总能或营养物质和在相同时间内排出的粪尿能或营养物质，就可以计算出代谢能或代谢率。由于家禽的粪尿一起经过泄殖腔排出，因此，只需要收集记录食入饲料与排出排泄物的重量，测定出各自的能值或养分含量，就可计算代谢能或代谢率。这是饲料代谢能或代谢率的测定用家禽比其他单胃动物简便的地方，也是家禽饲料能量价值评定普遍用代谢能的原因。

（二）仪器设备及药品试剂

以用 5 只鸡进行一种饲料代谢率测定为例，仪器设备及药品试剂的选用见表 3－20。

表 3－20 仪器设备及药品试剂

序号	名称	规格说明	数量
1	药物天平	500 g，感量 0.1 g	1 台
2	分析天平	感量 0.1 mg	1 架
3	台秤	5 kg，感量 5 g	1 台
4	热量计	绝热式，GR3500 型	1 套
5	烘箱	60 ～ 105℃，温度可调控	2 台
6	冰箱	家用，160 L	1 台
7	培养皿	直径 12 cm	50 付
8	代谢试验笼	60 cm×45 cm×50 cm，带食盘、饮水杯和活动集粪盘	5 具

续上表

序号	名称	规格说明	数量
9	塑料食物袋	250 g 装	100 只
10	刮刀	漆工用	2 把
11	镊子		2 把
12	洗耳球		2 个
13	样品瓶	250 g 装	6 个
14	样品粉碎机		1 台
15	来苏尔		500 mL
16	10% 盐酸溶液		500 mL

（三）试验方法与步骤

1. 试禽的选择与饲养管理

家禽饲料的代谢能测定一般用鸡来做。试验用鸡必须健康、营养正常，品种、年龄、性别一致，体重相近，并已按免疫程序进行了正常免疫注射。每个饲料至少要有 5 只鸡参与有效测定。如用小鸡来进行饲料代谢能的测定，可用淘汰的鉴别公雏，于 2 周龄时开始试验，5 ～ 10 只为一组，养于一只代谢试验笼内，作为一个测定单元（即当一只成年鸡、排泄物作一个样品对待），若选用大鸡，则不论公母均每笼一只。开始选择试鸡的数量应足够多，以备在预饲期中进行淘汰。

代谢试验鸡笼内应配有盛水器皿，以便在试验期随时给试鸡供应饮水。喂料装置与其他饲养管理措施则按试验设计要求执行。

2. 试验饲粮的准备

与消化试验一样，试前应按配方要求和试鸡的采食量一次备齐备足试验期间所需的各种饲料，切忌在试验中途更换饲料来源和品种。将准备好的饲料按制定的配方进行配合并制成颗粒，这样可防止在饲喂过程中发生饲料的抛撒损失及对排泄物的污染。

3. 试验鸡的驯养与预饲

将选好的试验鸡饲养在代谢试验笼内，逐渐加喂准备好的试验期饲粮，让试鸡有一个适应新的饲料和新的饲养管理条件的过程。此外，要观察检查喂饲设备是否易撒料，如果易，应及时调整；要摸清试鸡采食和排粪尿规律，确定每日排泄物收集分界点、日喂饲次数与每次喂料量。按每次的喂料量将试验期所需饲粮分别称出装袋、编号备用，同时按常规法取得被测饲粮样品并粉碎过 40 目筛，装入样品瓶备测干物质含量和能值。由于鸡的消化道较短，食入的饲料，其残渣在 24 h 内即可排净；另外，鸡适应新饲料需 48 h 左右。因此，试验鸡的驯养预饲期至少要有 3 d 的时间，预饲期结束之前，淘汰不易调教及采食与排粪便不规则的鸡，每个饲料留足 5 个测定单元即可进入正试期。

4. 正试期及排泄物的收集处理

正试期一般为 4 d。在此期间，每天均要定时定量喂料，饮水不断。按试验设计规定的次数和要求收集处理每天的排泄物，具体操作如下：

供试鸡于正试期开始前一天的18时停料停水。试验开始的第一天早晨6时，称取试鸡空腹体重。称重后，立即在代谢试验笼下安上活动集粪盘（镀锌白铁皮、糖瓷盘或塑料薄膜等均可），以备收集排泄物。随即喂料喂水。试验期间每天加料加水各4次（分别在7时、10时、14时、18时），并精确记录每只鸡每日的实际采食量。采食量等于给料量减余料量再减撒料量。正试期第4天的18时喂料后待试鸡停止采食，即取下饲槽和水槽，停食停水。

排泄物的收集次数与时间：正试期第一天的16时收集第一次排泄物，以后每天收集两次（分别在6时和16时），试验开始后的第五天早晨6时收集最后一次排泄物。随后再称取试鸡的空腹重。至此，代谢试验的饲喂、收集排泄物工作即告结束。

排泄物的收集处理方法：以笼为单位，在每次收集排泄物时，先清理掉排泄物上的鸡毛、皮屑和饲料（用镊子夹和洗耳球吹）。对清理掉的饲料要计量，以便从每日喂料量中扣除。而后用刮刀无损地将全部排泄物刮入已知重量的同一铝盒或带盖搪瓷盘中，加入数滴甲苯，以防排泄物变质。随后将排泄物放入0～4℃冰箱中保存。夏季应于每天的中午用注射器喷洒10%的盐酸溶液于排泄物上，以固定排泄物中的氨。待正试期4天的排泄物全部收完后，先称取排泄物总量，后铺平放入65～70℃的烘箱中烘干测定初水分，用粉碎机粉碎过40目筛并充分混匀后装入样品瓶供吸附水和能值测定用。

（四）饲料样品及排泄物养分测定

（略）

（五）试验结果记录与计算

饲料采食量、排泄物量及家禽日粮N/Ca/P存留率见表3－21、表3－22，试验家禽体重变化见表3－23。

表3－21 家禽的采食量及排泄物量

组别________ 测定人________ 计算人________ 复查人________

重复笼号	食入饲料/g					剩撒料量	采食量/（g/只）	皮重	排泄物/g					排泄物量/（g/只）
	第1天	第2天	第3天	第4天	合计				第1天	第2天	第3天	第4天	合计	

表 3－22 家禽日粮 N/Ca/P 存留率

组别________ 测定人________ 计算人________ 复查人________

重复笼号	饲料		排出粪		可消化量/g	消化率/%
	风干重/g	含量/%	风干重/g	含量/%		
	A	a	B	b	$A\times a\%-B\times b\%$	$(Aa-Bb)/Aa$

表 3－23 试验鸡体重变化（g）

鸡或笼号	试验前	试验后	增减情况	备注

二、强饲法

（一）原理

真代谢能法（true metabolizable energy，TME）是加拿大学者西贝尔德于 1976 年提出的一种快速测定家禽真代谢能的方法，现被用来测定饲料的各种养分消化率。试验过程分为饥饿排空、强饲、收集排泄物三个阶段。其具体操作为：选成年家禽（公）单笼饲养，试验时先饥饿一定时间（通常为 24 ～ 48 h），强饲适量待测饲料（一般 30 ～ 70 g），之后再饥饿并收粪 24 ～ 48 h，最后将收集的粪样烘干，粉碎过筛，测定其养分含量，根据食入饲料养分和排出养分量的差额计算养分消化率。真消化率用内源养分排泄量校正。

（二）试验前准备

（1）试验用具：代谢笼、料槽、水槽、强饲器、收粪袋等。

（2）试验设备：低温烘箱、小型粉碎机等。

（3）试验动物：购买7周龄、体重一致或接近的公鸭，在代谢笼中单笼饲养、自由饮水和采食。试验前一周在鸭泄殖腔口外围缝合带孔的塑料瓶盖。

（4）试验饲料：棕榈粕、椰子粕、酱油粕、菜籽粕、棉籽粕等，每种测试饲料分别称取7份，每份60 g，编号，分别装于真空袋中待用。

试验若分次进行，试验中间恢复期为10天。

（三）试验期

1. 绝食排空

试验开始后，试鸭断料，但不停水，绝食排空40 h。

2. 强饲

绝食排空40 h后，用强饲器对试鸭强饲待测饲料，每只强饲量为60 g。

3. 排泄物的收集与处理

强饲后，试鸭立即被旋上集粪瓶（集粪瓶通过与肛门缝合的瓶盖相连接）、编号、准确记下时间，并在每个笼子下放置一接粪盘（集粪瓶或瓶盖脱落后排泄物可掉入盘中），接粪盘应随时清除羽毛、皮屑，保持清洁。每只试鸭准确收集强饲后40 h的排泄物，分别放置于已编号的铝盒中，加10%的盐酸3 mL（以避免粪中氨氮的损失），然后在60～65℃下鼓风干燥，置室内回潮24 h，称重、记录、粉碎、过60目筛、装瓶、4℃低温保存，供分析使用。

内源排泄物测定：试鸭绝食排空40 h，断料，但不停水，强饲，准确收集强饲后40 h的排泄物，之后再收集绝食排空40 h内的排泄物，后40 h收集的排泄物无内源排泄物。

（四）被测饲料、粪样、内源排泄物的分析

分析指标：干物质、能量、氨基酸、粗纤维、粗脂肪等。

$$\text{表观代谢能 AME}=\frac{\text{食入总能（MJ）}-\text{排泄物中的总能（MJ）}}{\text{总采食量（kg）}}$$

$$\text{真代谢能 TME}=\frac{\text{食入总能（MJ）}-\text{排泄物中的总能（MJ）}+\text{内源排泄物总能（MJ）}}{\text{总采食量（kg）}}$$

$$\text{表观养分代谢率}=\frac{\text{食入养分量（g）}-\text{粪中养分量（g）}}{\text{食入养分量（g）}}\times 100\%$$

$$\text{真养分代谢率}=\frac{\text{食入养分量（g）}-\text{粪中养分量（g）}+\text{内源养分量（g）}}{\text{食入养分量（g）}}\times 100\%$$

第四节　比较屠宰试验

比较屠宰试验是饲养试验在特殊情况下的应用与发展。试验方法是：试验开始时各组试验动物体重、年龄、性别等相一致，屠宰其中一组动物并分析其体脂肪与蛋白质作为对照组。其余一组或多组按饲养试验方法喂试验饲料到一定时期，从各组随机抽样屠宰三头以上，分析其体脂肪与蛋白质，并与对照组比较其体脂肪与蛋白质的增加量。以各组试验

饲料沉积体脂肪与蛋白质的效率，评定出不同试验饲料质量的优劣。

屠宰试验评定饲料质量与消化、代谢和饲养试验不同之点是以动物体内真正沉积的动物产品来反映饲料营养物质的转化效率，因而更能反映饲料产品质量的真实性。

但是屠宰试验也有一些缺点。第一，只能用于生长肥育动物饲料的评定，而不能用于产蛋产奶和繁殖动物饲料的评定；第二，被屠宰动物失去再利用价值，对优良动物个体则经济损失较大；第三，动物的屠宰与成分分析投入的人力物力较多。

思考题

1. 测定饲料的消化率一般有哪些方法？
2. 有哪些方法收集动物的全部粪便？收集的鲜粪应如何处理？
3. 饲养试验报告包括哪几个部分？摘要主要描述哪些内容？
4. 在什么情况下进行结果趋势分析？
5. 测定家禽饲料的代谢率一般有哪些方法？
6. 论述常规全收粪法测定家禽饲料代谢能的全过程。
7. 论述常规全收粪法测定猪消化率的全过程。
8. 有哪些方法收集家禽的全部排泄物？
9. 畜禽饲养试验设计的方法有哪些？各有何特点？
10. 饲养试验报告有几个部分？每个部分的写作要求是什么？

第四章 饲料企业参观与实习

（一）目的

（1）了解我国饲料工业现状、发展方向及配合饲料生产的主要设备；
（2）熟悉配合饲料生产的工艺流程和配合饲料的主要质量标准。

（二）方法与内容

选择典型饲料加工厂进行参观实习，以教师与工厂科技人员的指导、讲解和学员观察分析为主要实习方法。具体实习内容如下：

1. 饲料工业现状与发展方向、实习厂概况

（1）我国饲料工业现状与发展方向；
（2）实习厂发展简史、远景规划；
（3）工厂规模、占地面积、生产车间及附属车间的建筑面积，产品结构、生产能力及经济效益等；
（4）工厂主要设备及工艺情况，各项经济技术指标，包括产量、电耗、成本等；
（5）工厂人员安排，各项规章制度及管理；
（6）工厂生产技术工作经验，设备维修及现存问题等。

2. 饲料原料与成品

（1）原料来源、价格、性状、质量标准及营养成分；
（2）原料及产品的检测方法、产品指标、饲料配方；
（3）产品的质量标准；
（4）产品的种类、销售情况。

3. 生产工艺与设备

（1）原料接收与清理
① 原料入厂形式，运输工具和接收设备；
② 原料接收工艺；
③ 原料清理工艺及清理设备。
（2）粉碎
① 饲料粉碎工序的任务和生产技术要求（粉碎料比例、筛孔大小等）；
② 粉碎工艺与设备（型号、数量、动力配备、结构及工作原理等）；
③ 粉碎机的操作。
（3）配料
① 配料工序的任务和技术要求（如精度要求）；
② 配料工艺、工作原理及工作过程；

③ 配料种类及特点。

（4）混合

① 混合工序的任务和生产技术要求（如混合均匀度及混合时间）；

② 混合工艺，混合机的结构、原理；

③ 微量组分的预混合及所用设备。

（5）制粒

① 制粒工序的任务和生产技术要求（颗粒比例、模孔直径、蒸汽温度及压力等）；

② 制粒工艺、成形原理，制粒机性能参数、结构、原理等；

③ 成形后颗粒的处理，包括冷却、碎粒、分级及油脂喷涂等。

（6）成品处理

① 成品处理形式（包装、散装）及要求；

② 成品包装及散装工艺与设备，包括称重、打包、缝口等；

③ 产品包装要求。

（7）输送、搬运设备

① 输送设备（包括斗式提升机、螺旋输送机及气力输送等）的结构、性能参数、原理等；

② 装卸搬运设备（包括卸料、堆包和搬运车等）。

4. 原料库、成品库、配料仓、中间仓

（1）原料库、成品库与中间仓的形式、容量及有关作业情况；

（2）配料仓规格、仓体结构、尺寸与防拱破拱措施；

（3）料位器的使用情况；

（4）中间缓冲仓的设置及作用。

5. 环境保护和安全措施

（1）粉尘控制措施及通风除尘设施；

（2）噪声控制措施及效果；

（3）安全防火设施。

6. 其他

（1）配电变电情况；

（2）给排水情况；

（3）供汽情况；

（4）建筑物布置情况等。

思考题

1. 绘制实习厂工艺流程图。

2. 配合饲料加工的基本工艺流程是什么？每个流程的主要机械是什么？每个环节把握的关键点是什么？

第五章　饲料质量标准与法规

为了加强对饲料、饲料添加剂的管理，提高饲料、饲料添加剂的质量，保障动物产品质量安全，我国对饲料原料及其产品制定了相应的质量标准，同时也以法律或规范性文件的形式对饲料安全性提出了要求。通过饲料标准的制定和实施，把企业产品生产的产前、产中、产后全过程纳入标准生产和标准化管理体系，形成科学、统一、权威的饲料标准化质量管理体系，采用标准化的生产工艺，实行严格的质量追溯制度，最大程度地确保饲料产品的质量安全，努力使饲料生产经营的每个环节都有标准可依、有规范可循、有法可依，从而加快我国饲料工业的发展和提升现代化水平。

饲料质量标准与法规是配合饲料质量评定的依据，以下就我国截至 2019 年底发布实施的各种饲料原料和产品标准以及重要饲料法规予以阐述。

第一节　饲料标准

经过多年的不懈努力，我国已基本建立了一套结构合理、功能配套的标准化体系。截至 2019 年 12 月底，经全国饲料工业标准化委员会审查后由国务院标准化行政主管部门发布的国家标准和有关行政主管部门发布的饲料工业国家标准、行业标准共 570 项。包括以下 8 个方面或饲料领域：① 基础规范标准（19 项）；② 安全限量标准（1 项）；③ 检测方法标准（272 项）；④ 评价方法标准（20 项）；⑤ 饲料原料标准（60 项）；⑥ 饲料添加剂标准（116 项）；⑦ 饲料产品标准（56 项）；⑧ 其他相关标准（26 项）。

一、饲料原料标准

（一）概况

饲料原料标准主要规定了常用饲料原料的质量要求。截至 2019 年 12 月底，经全国饲料工业标准化委员会审查后由国务院标准化行政主管部门——国家质量监督检验检疫总局发布的国家标准和有关行政主管部门发布的配合饲料原料标准共 60 项，其中国家标准 12 项，行业标准 48 项，均为推荐性标准。涉及的饲料原料共 60 种，有能量饲料如玉米、小麦麸、米糠粕等；蛋白质饲料如大豆粕、棉籽粕、菜籽粕、鱼粉、血粉、玉米蛋白粉、乳清粉等；还有部分粗饲料如草粉类；饲料用原粮如大豆、豌豆等；矿物质饲料及维生素饲料如骨粉及肉骨粉、沸石粉、针叶维生素粉等。

（二）标准目录

（1）中华人民共和国国家标准，鱼粉，GB/T 19164—2003；

（2）中华人民共和国国家标准，饲料用大豆粕，GB/T 19541—2004；

（3）中华人民共和国国家标准，饲料用骨粉及肉骨粉，GB/T 20193—2006；

（4）中华人民共和国国家标准，饲料用大豆，GB/T 20411—2006；

（5）中华人民共和国国家标准，犊牛代乳粉，GB/T 20715—2006；

（6）中华人民共和国国家标准，饲料用棉籽粕，GB/T 21264—2007；

（7）中华人民共和国国家标准，饲料用玉米，GB/T 17890—2008；

（8）中华人民共和国国家标准，饲料级沸石粉，GB/T 21695—2008；

（9）中华人民共和国国家标准，饲料用菜籽粕，GB/T 23736—2009；

（10）中华人民共和国国家标准，玉米干全酒糟（玉米 DDGS），GB/T 25866—2010；

（11）中华人民共和国国家标准，饲料原料 喷雾干燥猪血浆蛋白粉，GB/T 33914—2017；

（12）中华人民共和国国家标准，饲料原料 干黄酒糟，GB/T 36860—2018；

（13）中华人民共和国农业行业标准，饲料原料 豆粕，GB/T 19541—2017；

（14）中华人民共和国农业行业标准，饲料用高粱，NY/T 115—1989（GB 10364—1989）；

（15）中华人民共和国农业行业标准，饲料用稻谷，NY/T 116—1989（GB 10365—1989）；

（16）中华人民共和国农业行业标准，饲料用小麦，NY/T 117—1989（GB 10366—1989）；

（17）中华人民共和国农业行业标准，饲料用皮大麦，NY/T 118—1989（GB 10367—1989）；

（18）中华人民共和国农业行业标准，饲料用小麦麸，NY/T 119—1989（GB 10368—1989）；

（19）中华人民共和国农业行业标准，饲料用木薯干，NY/T 120—1989；

（20）中华人民共和国农业行业标准，饲料用甘薯干，NY/T 121—1989（GB 10370—1989）；

（21）中华人民共和国农业行业标准，饲料用米糠，NY/T 122—1989（GB 10371—1989）；

（22）中华人民共和国农业行业标准，饲料用米糠饼，NY/T 123—1989（GB 10372—1989）；

（23）中华人民共和国农业行业标准，饲料用米糠粕，NY/T 124—1989（GB 10373—1989）；

（24）中华人民共和国农业行业标准，饲料用菜籽饼，NY/T 125—1989（GB 10374—1989）；

（25）中华人民共和国农业行业标准，饲料用菜籽粕，NY/T 126—2005；

（26）中华人民共和国农业行业标准，饲料用向日葵仁粕，NY/T 127—1989（GB 10376—1989）；

（27）中华人民共和国农业行业标准，饲料用向日葵仁饼，NY/T 128—1989（GB

10377—1989）；

（28）中华人民共和国农业行业标准，饲料用棉籽饼，NY/T 129—1989（GB 10378—1989）；

（29）中华人民共和国农业行业标准，饲料用大豆饼，NY/T 130—1989（GB 10379—1989）；

（30）中华人民共和国农业行业标准，饲料用花生饼，NY/T 132—1989（GB 10381—1989）；

（31）中华人民共和国农业行业标准，饲料用花生粕，NY/T 133—1989（GB 10382—1989）；

（32）中华人民共和国农业行业标准，饲料用黑大豆，NY/T 134—1989（GB 10382—1989）；

（33）中华人民共和国农业行业标准，饲料用大豆，NY/T 135—1989；

（34）中华人民共和国农业行业标准，饲料用豌豆，NY/T 136—1989（GB 10385—1989）；

（35）中华人民共和国农业行业标准，饲料用柞蚕蛹粉，NY/T 137—1989（GB 10386—1989）；

（36）中华人民共和国农业行业标准，饲料用蚕豆，NY/T 138—1989（GB 10387—1989）；

（37）中华人民共和国农业行业标准，饲料用木薯叶粉，NY/T 139—1989（GB 10388—1989）；

（38）中华人民共和国农业行业标准，饲料用白三叶草粉，NY/T 141—1989（GB 10390—1989）；

（39）中华人民共和国农业行业标准，饲料用甘薯叶粉，NY/T 142—1989（GB 10391—1989）；

（40）中华人民共和国农业行业标准，饲料用蚕豆茎叶粉，NY/T 143—1989（GB 10392—1989）；

（41）中华人民共和国农业行业标准，饲料用裸大麦，NY/T 210—1992；

（42）中华人民共和国农业行业标准，饲料用次粉，NY/T 211—1992；

（43）中华人民共和国农业行业标准，饲料用碎米，NY/T 212—1992；

（44）中华人民共和国农业行业标准，饲料用粟米（谷子），NY/T 213—1992；

（45）中华人民共和国农业行业标准，饲料用胡麻籽饼，NY/T 214—1992；

（46）中华人民共和国农业行业标准，饲料用胡麻籽粕，NY/T 215—1992

（47）中华人民共和国农业行业标准，饲料用亚麻仁饼，NY/T 216—1992；

（48）中华人民共和国农业行业标准，饲料用亚麻仁粕，NY/T 217—1992；

（49）中华人民共和国农业行业标准，饲料用桑蚕蛹，NY/T 218—1992；

（50）中华人民共和国农业行业标准，饲料用低硫苷菜籽饼（粕），NY/T 417—2000；

（51）中华人民共和国农业行业标准，饲料用玉米蛋白粉，NY/T 685—2003；

（52）中华人民共和国农业行业标准，饲料用水解羽毛粉，NY/T 915—2017；

（53）中华人民共和国农业行业标准，饲料级 乳清粉，NY/T 1563—2007；
（54）中华人民共和国农业行业标准，饲料稻，NY/T 1580—2007；
（55）中华人民共和国农业行业标准，饲料原料 发酵豆粕，NY/T 2218—2012；
（56）中华人民共和国水产行业标准，饲料用鱼油，SC/T 3504—2006；
（57）中华人民共和国商业行业标准，饲料用血粉，LS/T 3407—1994；
（58）中华人民共和国林业行业标准，针叶饲料粉，LY/T 1638—2005；
（59）中华人民共和国林业行业标准，针叶维生素粉，LY/T 1282—1998；
（60）中华人民共和国国内贸易行业标准，饲料用桑叶粉，SB/T 10998—2013。

（三）主要内容和质量要求

饲料原料标准由适用范围、规范性引用文件、术语和定义、质量要求、试验方法、检验规则、标签、包装、运输及贮存等几个部分组成，其中核心内容为对原料的质量要求，具体规定了各种饲料原料的考查指标及质量分级。各种饲料原料的具体质量要求各有差异，但归类总结大致包括以下内容：

（1）外观。主要规定了饲料原料的颜色、气味、色泽是否一致 ，有无发酵、霉变 、结块 、虫蛀及异味异臭等。

（2）含水量。

（3）夹杂物。不得掺入饲料原料本身以外的物质，若加入抗氧剂、防霉剂、抗结块剂等添加剂时，要具体说明加入的品种和数量。

（4）技术指标及质量分级。主要技术指标包括饲料原料的理化指标，如容重、细度等物理指标，粗纤维、粗蛋白、粗脂肪、粗灰分等常规营养指标，尿素酶活性、硫苷等抗营养成分；根据其含量判断质量等级。多数饲料原料分为三个等级，如饲料用玉米、饲料用小麦麸、饲料用米糠等；有些饲料只分为两级，如大豆粕（带皮大豆粕和去皮大豆粕）各分二个等级。各项技术指标必须全部符合才为相应等级。

（5）卫生指标。符合中华人民共和国有关饲料卫生标准的规定。

（四）饲料原料标准示例

原料标准示例：饲料用玉米，GB/T 17890—2008，详见附录 2。

二、饲料添加剂标准

（一）概况

饲料添加剂标准主要规定了常用饲料添加剂的质量要求。截至 2019 年 12 月底，经全国饲料工业标准化委员会审查后由国务院标准化行政主管部门——国家质量监督检验检疫总局发布的国家标准和有关行政主管部门发布的饲料添加剂标准共 116 项，其中国家标准 83 项，行业标准 32 项；强制性标准占 34 项。其余均为推荐性标准。标准内容涉及矿物元素补充饲料，如磷酸氢钙、磷酸二氢钙、氯化钠等，各种微量元素添加剂，如铁、铜、锰、锌、钴等微量元素添加剂，还有脂溶性和水溶性维生素饲料添加剂及多种非营养性饲料添加剂，如大豆磷脂、低聚木糖、大蒜素等。

（二）标准目录

（1）中华人民共和国国家标准，饲料添加剂　维生素A乙酸酯微粒，GB/T 7292—1999；

（2）中华人民共和国国家标准，饲料添加剂　维生素D3（微粒），GB 9840—2017；

（3）中华人民共和国国家标准，饲料添加剂　维生素E，GB/T 9454—2008；

（4）中华人民共和国国家标准，饲料添加剂　亚硫酸氢钠甲萘醌（维生素K3），GB 7294—2017；

（5）中华人民共和国国家标准，饲料添加剂　维生素B1（盐酸硫胺），GB/T 7295—2018；

（6）中华人民共和国国家标准，饲料添加剂　维生素B2（核黄素），GB/T 7297—2006；

（7）中华人民共和国国家标准，饲料添加剂　D-泛酸钙，GB/T 7299—2006；

（8）中华人民共和国国家标准，饲料添加剂　氯化胆碱，GB 34462—2017；

（9）中华人民共和国国家标准，饲料添加剂　烟酸，GB 7300—2017；

（10）中华人民共和国国家标准，饲料添加剂　维生素B6（盐酸吡哆醇），GB 7298—2017；

（11）中华人民共和国国家标准，饲料添加剂　2% d-生物素，GB/T 23180—2008；

（12）中华人民共和国国家标准，饲料添加剂　叶酸，GB/T 7302—2018；

（13）中华人民共和国国家标准，饲料添加剂　维生素B12（氰钴胺）粉剂，GB/T 9841—2006；

（14）中华人民共和国国家标准，饲料添加剂　维生素C（L-抗坏血酸），GB/T 7303—2018；

（15）中华人民共和国国家标准，饲料添加剂　硫酸亚铁，GB 34465—2017；

（16）中华人民共和国国家标准，饲料添加剂　甘氨酸铁络合物，GB/T 21996—2008；

（17）中华人民共和国农业行业标准，饲料添加剂　蛋氨酸铁，NY/T 1498—2008；

（18）中华人民共和国国家标准，饲料添加剂　硫酸铜，GB 34459—2017；

（19）中华人民共和国国家标准，饲料添加剂　碱式氯化铜，GB/T 21696—2008；

（20）中华人民共和国国家标准，饲料添加剂　蛋氨酸铜络（螯）合物，GB 20802—2017；

（21）中华人民共和国国家标准，饲料添加剂　硫酸锰，GB 34468—2017；

（22）中华人民共和国国家标准，饲料添加剂　蛋氨酸锰络（螯）合物，GB 22489—2017；

（23）中华人民共和国国家标准，饲料添加剂　硫酸锌，GB/T 25865—2010；

（24）中华人民共和国国家标准，饲料添加剂　蛋氨酸锌络（螯）合物，GB

21694—2017；

（25）中华人民共和国国家标准，饲料添加剂　碱式氯化锌，GB/T 22546—2008；

（26）中华人民共和国化工业行业标准，饲料添加剂　碘酸钙，HG/T 2418—2011；

（27）中华人民共和国农业行业标准，饲料级碘酸钾，NY/T 723—2003；

（28）中华人民共和国国家标准，饲料级 DL－蛋氨酸，GB/T 17810—2009；

（29）中华人民共和国国家标准，饲料添加剂　L－赖氨酸盐酸盐，GB 34466—2017；

（30）中华人民共和国国家标准，饲料级 L－苏氨酸，GB/T 21979—2008；

（31）中华人民共和国国家标准，饲料添加剂　磷酸氢钙，GB 22549—2017；

（32）中华人民共和国国家标准，饲料添加剂　氯化钠，GB/T 23880—2009；

（33）中华人民共和国农业行业标准，饲料添加剂　枯草芽孢杆菌，NY/T 2131—2012；

（34）中华人民共和国农业行业标准，微生物饲料添加剂技术通则，NY/T 1444—2007；

（35）中华人民共和国国家标准，饲料添加剂　饲用活性干酵母（酿酒酵母），GB/T 22547—2008；

（36）中华人民共和国国家标准，饲料添加剂　复合酸化剂通用要求，GB/T 22141—2018；

（37）中华人民共和国国家标准，饲料添加剂　天然甜菜碱，GB/T 21515—2008；

（38）中华人民共和国国家标准，饲料添加剂　调味剂通用要求，GB/T 21543—2008；

（39）中华人民共和国农业行业标准，饲料添加剂　大蒜素（粉剂），NY/T 1497—2007；

（40）中华人民共和国国家标准，饲料添加剂　矿物元素及其络（螯）合物 亚硒酸钠，GB 7300.302—2019。

（三）主要内容和质量要求

饲料添加剂标准主要规定了各种饲料添加剂的质量要求、试验方法、检验规则、标签、包装、运输及贮存等，其中核心内容为质量要求。饲料添加剂标准质量要求具体规定了各种饲料添加剂的感官指标、有效成分的含量、水分及杂质含量、卫生指标及其他一些理化指标。

（1）外观。主要规定了饲料原料的颜色、气味、色泽是否一致，有无发酵、霉变、结块、虫蛀及异味异臭等。

（2）有效成分的含量。如饲料添加剂碱式氯化铜中碱式氯化铜的含量，饲料添加剂蛋氨酸羟基类似物钙盐中羟基蛋氨酸钙的含量，饲料添加剂 β－胡萝卜素中 β－胡萝卜素含量等。

（3）水分及杂质含量。如微量元素添加剂的干燥失重、灼烧残渣、水不溶物。

（4）卫生指标。如微量元素添加剂中重金属砷、铅、镉等含量，调味剂中霉菌总数和细菌总数等。要求符合中华人民共和国有关饲料卫生标准的规定。

（5）其他指标。根据产品特点各有不同，如部分维生素添加剂测定比旋度、熔点、pH、细度等。

（四）饲料添加剂标准示例

饲料添加剂　硫酸锰 GB 34468—2017，详见网址：http：//210. 38. 136. 69：8013/news/show－657. html

三、配合饲料产品标准

（一）概况

截至2019年8月底，经全国饲料工业标准化委员会审查后由国务院标准化行政主管部门——国家质量监督检验检疫总局发布的国家标准和有关行政主管部门发布的饲料添加剂标准共56项，其中国家标准21项，行业标准35项；配合饲料产品标准均为推荐性标准；标准内容涉及单胃动物、反刍动物、草食动物的全价配合饲料、添加剂预混料、浓缩饲料、精料补充料、宠物食品以及水产动物的配合饲料等。

（二）部分标准目录

（1）中华人民共和国国家标准，仔猪、生长肥育猪配合饲料，GB/T 5915—2008；

（2）中华人民共和国商业行业标准，瘦肉型生长肥育猪配合饲料，LS/T 3402—1992；

（3）中华人民共和国商业行业标准，后备母猪、妊娠猪、哺乳母猪、种公猪配合饲料，LS/T 3401—1992；

（4）中华人民共和国国家标准，产蛋后备鸡、产蛋鸡、肉用仔鸡配合饲料，GB/T 5916—2008；

（5）中华人民共和国农业行业标准，肉用仔鸡、产蛋鸡浓缩饲料和微量元素预混合饲料，NY/T 903—2004；

（6）中华人民共和国农业行业标准，仔猪、生长肥育猪维生素预混合饲料，NY/T 1029—2006；

（7）中华人民共和国国家标准，蛋鸡复合预混合饲料，GB/T 22544—2008；

（8）中华人民共和国国家标准，奶牛复合微量元素维生素预混合饲料，GB/T 20804—2006；

（9）中华人民共和国农业行业标准，奶牛用精饲料，NY/T 1245—2006；

（10）中华人民共和国商业行业标准，肉牛精料补充料，LS/T 3405—1992；

（11）中华人民共和国国家标准，绵羊用精饲料，GB/T 20807—2006；

（12）中华人民共和国农业行业标准，山羊用精饲料，NY/T 1344—2007；

（13）中华人民共和国农业行业标准，羔羊代乳料，NY/T 2999—2016；

（14）中华人民共和国商业行业标准，长毛兔配合饲料，LS/T 3404—1992；

（15）中华人民共和国商业行业标准，肉兔配合饲料，LS/T 3408—1995；

（16）中华人民共和国农业行业标准，肉种鸭配合饲料，NY/T 1820—2009；

（17）中华人民共和国商业行业标准，生长鸭、产蛋鸭、肉用仔鸭配合饲料，LS/T

3410—1996；

（18）中华人民共和国商业行业标准，肉用仔鹅精料补充料，LS/T 3406—1992；

（三）主要内容和质量要求

饲料产品标准主要规定了各种配合饲料产品的质量要求、试验方法、检验规则、标签、包装、运输及贮存等，其中核心内容为质量要求，具体规定了各种配合饲料的感官指标、含水量、加工质量指标、营养成分含量及卫生指标。

（1）外观。无霉变 、结块 、异味、异臭等。

（2）水分。如猪鸡配合饲料要求水分不高于 14%，蛋鸡复合预混料要求不大于 10%，绵羊精饲料要求不大于 12.5%，蛋鸡和肉用仔鸡浓缩料要求不高于 10%，仔猪、生长肥育猪的维生素预混料要求不大于 7%，蛋鸡复合预混料要求不大于 5%。

（3）加工质量。包括粒度和均匀度两个指标。

① 粒度。通常要求一定比例的饲料通过一定孔径的筛，规定了筛上物的比例，如蛋鸡和肉鸡浓缩料要求全部通过 2.38 mm 的筛，1.19 mm 的筛上物不得超过 10%。

② 均匀度。一般通过变异系数来判断，如猪鸡配合饲料、浓缩料以及反刍动物精饲料要求不大于 10%，肉鸡和产蛋鸡的微量元素预混料不大于 7%，仔猪、生长肥育猪的维生素预混料要求不大于 7%，蛋鸡复合预混料要求不大于 5% 等。

（4）营养指标。如猪鸡配合饲料要求粗蛋白、粗脂肪、粗纤维、粗灰分及钙磷等常规养分含量；复合预混料中各种微量元素及各种维生素的含量等；浓缩料中除了常规养分、矿物质含量，还有氨基酸含量等。

（5）卫生指标。包括硫苷、棉酚、脲酶活性等抗营养因子含量，霉菌等微生物数量，重金属砷、铅、镉等含量，农药污染等。要求符合中华人民共和国有关饲料卫生标准的规定。

（四）配合饲料产品标准示例

配合饲料产品示例 - 仔猪、生长肥育猪配合饲料 GB/T 5915—2008。

第二节　饲料法规

饲料法规是确保饲料安全性和改善饲料品质的相关法律或规范性文件。

为了加强对饲料、饲料添加剂的管理，提高饲料、饲料添加剂的质量，保障动物产品质量安全，维护公众健康，早在 1999 年 5 月 29 日，国务院发布第 266 号令，颁布了我国第一个饲料行业管理法规《饲料和饲料添加剂管理条例》（以下简称《条例》）。《条例》对饲料及饲料添加剂的监管、审定登记、生产经营使用、法律责任进行了一系列规定。《条例》是规范饲料行业的基础法规，涉及饲料工业的全过程和各个环节，也关系到相关饲料法规的建立和执行。《条例》的出台是我国饲料行业的一件大事，标志着我国饲料和饲料添加剂管理从此步入依法管理的轨道。

《饲料和饲料添加剂管理条例》实施以来，历经 4 次修订。为配合《条例》实施，农业农村部先后制定发布了多个管理规章及一系列规范性文件，并对这些规章和规范性文件进行多次修订和补充，现已形成由 1 个饲料行业管理法规、5 个主要部门规章、一系列规范性文件（农业部公告、通知）及 2 个强制性标准构成的我国饲料质量管理和法规体系。

一、《饲料和饲料添加剂管理条例》

（一）发布和修订

1999 年 5 月 29 日，国务院发布第 266 号令颁布了我国第一个饲料行业管理法规《饲料和饲料添加剂管理条例》（简称条例），《条例》实施以来，历经 4 次修订。2001 年 11 月 29 日根据《国务院关于修改〈饲料和饲料添加剂管理条例〉的决定》进行了第一次修订，2011 年 10 月 26 日国务院第 177 次常务会议通过修订，2013 年 12 月 7 日根据《国务院关于修改部分行政法规的决定》进行了第二次修订，2016 年 2 月 6 日根据《国务院关于修改部分行政法规的决定》进行了第三次修订，2017 年 3 月 1 日根据《国务院关于修改和废止部分行政法规的决定》进行了第四次修订。2017 年修正本《条例》自 2017 年 3 月 1 日起实施。

（二）内容概要

《条例》共有 5 个章节，50 项条款，对饲料及饲料添加剂的监管、审定登记、生产经营和使用、法律责任进行了规定。

第一章　总则。包含 6 个条款，主要明确了条例的目的意义，饲料界定、饲料原料目录和饲料添加剂品种目录的制定，从国家到地方以及个人各级监管部门的责任和义务。

第二章　审定和登记。包含 7 个条款，主要规定了新饲料、新饲料添加剂审定申请、受理、评审，核发新饲料、新饲料添加剂证书，以及质量标准、监测期、中国境内尚未使用但出口国已经批准生产和使用的饲料、饲料添加剂的的申请登记、批准生产等。

第三章　生产、经营和使用。包含 21 个条款，主要对饲料生产、经营和使用提出了一系列规定和要求，包括饲料、饲料添加剂生产企业申请生产许可证、产品批准文号，安全规范组织生产、产品质量检验、销售、包装标签，饲料、饲料添加剂经营者财务管理，出口的饲料、饲料添加剂包装，养殖者注意事项提出了禁止要求，以及饲料违法生产、经营、使用的一般性管理要求和查处等，

第四章　法律责任。包含 14 个条款，主要规定了饲料违法生产、经营、使用的法律责任，对于不同程度、不同情节、不同单位和部门的处罚方法和法律责任。

第五章　附则。包含 2 个条款，主要规定了有关饲料概念，药物饲料添加剂的执行条例。

（三）《饲料和饲料添加剂管理条例》

《条例》（2017 年修正本）内容详见网址：http：//210. 38. 136. 69：8013/news/show－497. html。

二、《饲料原料目录》

（农业部2012年第1773号公告发布、农牧办［2013］11号通知、农业部2013年第2038号公告，农业部2014年第2133号、2015年2249号、2017年2634号修订）

《饲料原料目录》指出了可以作为饲料的各种原料，共13大类饲料。明确饲料原料是指来源于动物、植物、微生物或者矿物质，用于加工制作饲料但不属于饲料添加剂的饲用物质（含载体和稀释剂）。饲料生产企业所使用的饲料原料均应属于本目录规定的品种，并符合本目录的要求。本目录之外的物质用作饲料原料的，应当经过科学评价并由农业部公告列入目录后，方可使用。

本目录第四部分所列单一饲料品种，根据《饲料和饲料添加剂管理条例》《饲料和饲料添加剂生产许可管理办法》和《进口饲料和饲料添加剂登记管理办法》，应当办理生产许可证和进口登记证的产品。未取得生产许可证或进口登记证的单一饲料产品不得作为饲料原料生产、经营和使用。

《饲料原料目录》经过农业部2038号公告，2133号、2249号修订，还包括一些增补公告，如增补《饲料原料目录》和扩大饲料添加剂焦亚硫酸钠适用范围等（农业部公告第2634号），增补大麦苗粉等32种（类）饲料原料（农业农村部公告第22号）。目前《饲料原料目录》所列饲料超过600种。

三、《饲料添加剂品种目录（2013）》

（农业部公告2013年第2045号发布、2014年农业部公告第2134号、2009年农业部公告第1231号、2014年农业部公告第2134号、2018年农业农村部公告第21号）

《饲料添加剂品种目录（2013）》由《附录一》和《附录二》两部分组成。指出凡生产、经营和使用的营养性饲料添加剂和一般饲料添加剂，均应属于《饲料添加剂品种目录（2013）》中规定的品种。凡《饲料添加剂品种目录（2013）》外的物质拟作为饲料添加剂使用，应按照《新饲料和新饲料添加剂管理办法》的有关规定，申请并获得新产品证书。饲料添加剂的生产企业需办理生产许可证和产品批准文号。其中《附录二》中的饲料添加剂品种仅允许所列申请单位或其授权的单位生产。《饲料添加剂品种目录（2013）》先后三次修订，增补部分添加剂，2018年最新修订，增补维生素K1等78个饲料添加剂品种进入目录。

四、《饲料添加剂安全使用规范》（农业部公告第2625号）

新版《饲料添加剂使用规范》自2018年7月1日起施行。2009年6月18日发布的《饲料添加剂安全使用规范》（农业部公告第1224号）同时废止。

新版《饲料添加剂使用规范》规定饲料企业和养殖者使用饲料添加剂产品时，应严格遵守“在配合饲料或全混合日粮中的最高限量”规定，不得超量使用饲料添加剂；在实现满足动物营养需要、改善饲料品质等预期目标的前提下，应采取积极措施减少饲料添加剂的用量。

五、《停止、生产、经营、使用部分药物饲料添加剂，调整相关管理政策》（农业农村部194公告）

《停止、生产、经营、使用部分药物饲料添加剂，调整相关管理政策》于2019年7月9号发布，是目前最新最重要的一项规范性文件。该公告决定停止生产、进口、经营、使用部分药物饲料添加剂，并对相关管理政策作出调整。第194号公告的正式发布，标志着12种促生长药物饲料添加剂退出历史舞台已成定局，从大众呼吁在饲料中“减抗/替抗”，到现如今国家正式出台“饲料禁抗”政策法规。

主要内容如下：

（1）自2020年1月1日起，退出除中药外的所有促生长类药物饲料添加剂品种，兽药生产企业停止生产、进口，兽药代理商停止进口相应兽药产品，同时注销相应的兽药产品批准文号和进口兽药注册证书。此前已生产、进口的相应兽药产品可流通至2020年6月30日。

（2）自2020年7月1日起，饲料生产企业停止生产含有促生长类药物饲料添加剂（中药类除外）的商品饲料。此前已生产的商品饲料可流通使用至2020年12月31日。

（3）2020年1月1日前，农业农村部组织完成既有促生长又有防治用途品种的质量标准修订工作，删除促生长用途，仅保留防治用途。

（4）改变抗球虫和中药类药物饲料添加剂管理方式，不再核发“兽药添字”批准文号，改为“兽药字”批准文号，可在商品饲料和养殖过程中使用。2020年1月1日前，农业农村部组织完成抗球虫和中药类药物饲料添加剂品种质量标准和标签说明书修订工作。

（5）2020年7月1日前，完成相应兽药产品“兽药添字”转为“兽药字”批准文号变更工作。

（6）自2020年7月1日起，原农业部公告第168号《饲料药物添加剂使用规范》和《补充说明》第220号废止。

六、《饲料标签》GB 10648—2013

《饲料标签》标准是饲料工业基础规范标准之一，也是国家重要的饲料法规或法令之一，要求全国范围内强制执行。由中国饲料工业协会、全国饲料工业标准化技术委员会秘书处制定，发布执行。

（一）内容

本标准由范围、规范性引用文件、术语和定义、基本原则、应标示的基本内容、基本要求6个部分构成，主要规定了饲料、饲料添加剂和饲料原料标签标示的基本原则、基本内容和基本要求，其核心内容为标准要求应标示的基本内容，包括9个方面。

（二）应标示的基本内容

（1）卫生要求。饲料和饲料原料应标有“本产品符合饲料卫生标准”字样，以明示产品符合 GB 13078 的规定。

（2）产品名称。应采用通用名称，其通用名称应与《饲料添加剂品种目录》中的通用名称一致。混合型饲料添加剂、饲料（单一饲料除外）的通用名称要求表述为混合型饲料添加剂《饲料添加剂品种目录》中规定的产品类别或名称。

（3）产品成分分析保证值。指出应符合产品所执行的标准，并提出了产品成分分析保证值项目的标示要求。

（4）原料组成。指出饲料原料名称和（或）类别、饲料添加剂名称和（或）类别，包括原料使用的添加剂或添加剂预混料使用的载体和（或）稀释剂，饲料原料名称和类别应与《饲料原料目录》一致；饲料添加剂名称和类别应与《饲料添加剂品种目录》一致。

（5）产品标准编号。应标明产品所执行的产品标准编号，实行进口登记管理的产品，应标明进口产品复核检验报告的编号。

（6）使用说明。应标明饲喂阶段、添加比例或推荐配方及注意事项。

（7）净含量。净含量表示形式和计量单位。

（8）生产日期、保质期、贮存条件及方法、行政许可证明文件编号，生产者、经营者的名称和地址。

（9）其他。

（三）《饲料标签》GB 10648—2013

详见网址：http：//210. 38. 136. 69：8013/news/show－489. html。

七、《饲料卫生标准》GB 13078—2017

（一）发布和修订

《饲料卫生标准》是强制性国家标准，也是我国重要的饲料法规法令之一。《饲料卫生标准》于 1991 年 7 月 16 日由国家技术监督局首次颁布，于 2001 年进行了第一次修订，其修订版 GB 13078—2001 于 2017 年再次修订，2017 年 10 月 14 日，经国家质检总局、国家标准委批准，新版《饲料卫生标准》GB 13078—2017 正式发布，2018 年 5 月 1 日正式实施。

新版《饲料卫生标准》作为强制性国家标准，坚持贯彻“最严谨的标准”要求，以无机污染物、真菌毒素等为重点，全面规定了各类有毒有害污染物在饲料原料、饲料产品中的限量值，为从源头保障动物性食品安全和消费者健康再加一道“新保险”，标志着我国饲料质量安全管理进入了更加严格的新阶段。

（二）内容概要

本标准的全部技术内容为强制性，标准规定了饲料原料和饲料产品中的有毒有害物质及微生物的限量及试验方法。

《饲料卫生标准》由范围、规范性引用文件、技术要求三个部分构成，其中核心内容为要求部分，详细列表指出了要求检测的项目、待检测产品名称、指标限量、试验方法（检测方法）及必要备注。以下结合标准的最新修订情况就新版《饲料卫生标准》的内容简要介绍。

1. 标准的适用范围

新版《饲料卫生标准》扩大了饲料原料的范围，现已覆盖了大部分《饲料原料目录》中的饲料原料，但不适用于宠物饲料产品和饲料添加剂产品。

2. 检测产品的动物覆盖面和产品类别

新版标准扩大了饲料产品的动物覆盖面，增加了产品类别。在原有单胃动物增加了部分反刍动物、水产动物及其他不同动物物种的饲料产品。饲料产品包括饲料原料、添加剂预混合饲料、浓缩饲料、精料补充料、全价配合饲料各类饲料产品。

3. 检测污染物项目

新版标准的有毒有害物质控制项目增至无机污染物、天然植物毒素、真菌毒素、有机氯污染物和微生物等5类24个，涵盖技术指标164个，其中80%达到全球最严的欧盟标准水平。

4. 检测项目指标限量值

新版标准更加细化了检测项目的限量值，修改或增补不同指标在不同饲料原料、不同动物类别以及不同生长阶段饲料产品中的限量值，并规范了限量值的有效数字，修改和增加了限量值100多个。新版标准特别体现了人与动物健康共同拥有的指标，指标限量值不仅可以减少对动物健康的危害，还可以保障对人的安全。

5. 检测试验方法

新版标准采用了更为精确的试验方法（检测方法）。结合检测技术的进步，增加和修改了部分项目的检测方法。特别是新标准修改了总砷的限量，删除了原标准对胂制剂的例外性规定，杜绝了胂制剂在饲料中的添加和使用。

（三）《饲料卫生标准》GB 13078—2017

详见附录四。

思考题

1. 标准有哪几个等级，其性质如何？
2. 标准代号 GB、GB/T、NY/T 的含义分别是什么？
3. 怎样才是合格的饲料用玉米？
4. 饲料添加剂维生素 A 乙酸酯微粒的质量要求有哪些？
5. 饲料添加剂蛋氨酸铜络（螯）合物的质量要求有哪些？
6. 猪鸡添加剂预混料满足哪些条件才是合格的产品？
7. 何谓饲料法规？我国第一个饲料行业管理法规是什么？
8. 《饲料标签》标准要求饲料标签标示哪些内容？
9. 举例说明新版《饲料卫生标准》GB 13078—2017 要求检测的污染物种类。
10. 浅谈我国和欧美国家在动物抗生素使用方面的法规状况。

附录

附录一　鸡的饲养标准

（摘自 NY/T 33—2004）

附表 1－1　生长蛋鸡营养需要

营养指标	单位	0～8 周龄	9～18 周龄	19 周龄～开产
代谢能（ME）	MJ/kg（Mcal*/kg）	11.91（2.85）	11.70（2.80）	11.50（2.75）
粗蛋白质（CP）	%	19.0	15.5	17.0
蛋白能量比（CP/ME）	g/MJ（g/Mcal）	15.95（66.67）	13.25（55.30）	14.78（61.82）
赖氨酸能量比（Lys/ME）	g/MJ（g/Mcal）	0.84（3.51）	0.58（2.43）	0.61（2.55）
赖氨酸（Lys）	%	1.00	0.68	0.70
蛋氨酸（Met）	%	0.37	0.27	0.34
蛋氨酸＋胱氨酸（Met＋Cys）	%	0.74	0.55	0.64
苏氨酸（Thr）	%	0.66	0.55	0.62
色氨酸（Trp）	%	0.20	0.18	0.19
精氨酸（Arg）	%	1.18	0.98	1.02
亮氨酸（Leu）	%	1.27	1.01	1.07
异亮氨酸（Ile）	%	0.71	0.59	0.60
苯丙氨酸（Phe）	%	0.64	0.53	0.54
苯丙氨酸＋酪氨酸（Phe＋Tyr）	%	1.18	0.98	1.00
组氨酸（His）	%	0.31	0.26	0.27
脯氨酸（Pro）	%	0.50	0.34	0.44
缬氨酸（Val）	%	0.73	0.60	0.62
甘氨酸＋丝氨酸（Gly＋Ser）	%	0.82	0.68	0.71
钙（Ca）	%	0.90	0.80	2.00
总磷（Total P）	%	0.70	0.60	0.55
非植酸磷（nonphytate P）	%	0.40	0.35	0.32
钠（Na）	%	0.15	0.15	0.15
氯（Cl）	%	0.15	0.15	0.15

* 1Mcal＝4.182MJ。

续上表

营养指标	单位	0～8周龄	9～18周龄	19周龄～开产
铁（Fe）	mg/kg	80	60	60
铜（Cu）	mg/kg	8	6	8
锌（Zn）	mg/kg	60	40	80
锰（Mn）	mg/kg	60	40	60
碘（I）	mg/kg	0.35	0.35	0.35
硒（Se）	mg/kg	0.30	0.30	0.30
亚油酸（Linoleic Acid）	%	1	1	1
维生素A（Vitamin A）	IU/kg	4000	4000	4000
维生素D（Vitamin D）	IU/kg	800	800	800
维生素E（Vitamin E）	IU/kg	10	8	8
维生素K（Vitamin K）	mg/kg	0.5	0.5	0.5
硫胺素（Thiamin）	mg/kg	1.8	1.3	1.3
核黄素（Riboflavin）	mg/kg	3.6	1.8	2.2
泛酸（Pantothenic Acid）	mg/kg	10	10	10
烟酸（Niacin）	mg/kg	30	11	11
吡哆醇（Pyridoxine）	mg/kg	3	3	3
生物素（Biotin）	mg/kg	0.15	0.10	0.10
叶酸（Folic Acid）	mg/kg	0.55	0.25	0.25
维生素B_{12}（Vitamin B_{12}）	mg/kg	0.010	0.003	0.004
胆碱（Choline）	mg/kg	1300	900	500

注：根据中型体重鸡制订，轻型鸡可酌减10%；开产日龄按5%产蛋率计算。

附表1－2　产蛋鸡营养需要

营养指标	单位	开产～高峰期（>85%）	高峰后期（<85%）	种鸡
代谢能（ME）	MJ/kg（Mcal/kg）	11.29（2.70）	10.87（2.65）	11.29（2.70）
粗蛋白质（CP）	%	16.5	15.5	18.0
蛋白能量比（CP/ME）	g/MJ（g/Mcal）	14.61（61.11）	14.26（58.49）	15.94（66.67）
赖氨酸能量比（Lys/ME）	g/MJ（g/Mcal）	0.64（2.67）	0.61（2.54）	0.63（2.63）
赖氨酸（Lys）	%	0.75	0.70	0.75
蛋氨酸（Met）	%	0.34	0.32	0.34
蛋氨酸+胱氨酸（Met+Cys）	%	0.65	0.56	0.65

续上表

营养指标	单位	开产～高峰期（>85%）	高峰后期（<85%）	种鸡
苏氨酸（Thr）	%	0.55	0.50	0.55
色氨酸（Trp）	%	0.16	0.15	0.16
精氨酸（Arg）	%	0.76	0.69	0.76
亮氨酸（Leu）	%	1.02	0.98	1.02
异亮氨酸（Ile）	%	0.72	0.66	0.72
苯丙氨酸（Phe）	%	0.58	0.52	0.58
苯丙氨酸+酪氨酸（Phe+Tyr）	%	1.08	1.06	1.08
组氨酸（His）	%	0.25	0.23	0.25
缬氨酸（Val）	%	0.59	0.54	0.59
甘氨酸+丝氨酸（Gly+Ser）	%	0.57	0.48	0.57
可利用赖氨酸（Available Lys）	%	0.66	0.60	—
可利用蛋氨酸（Available Met）	%	0.32	0.30	—
钙（Ca）	%	3.5	3.5	3.5
总磷（Total P）	%	0.60	0.60	0.60
非植酸磷（nonphytate P）	%	0.32	0.32	0.32
钠（Na）	%	0.15	0.15	0.15
氯（Cl）	%	0.15	0.15	0.15
铁（Fe）	mg/kg	60	60	60
铜（Cu）	mg/kg	8	8	6
锰（Mn）	mg/kg	60	60	60
锌（Zn）	mg/kg	80	80	60
碘（I）	mg/kg	0.35	0.35	0.35
硒（Se）	mg/kg	0.30	0.30	0.30
亚油酸（Linoleic Acid）	%	1	1	1
维生素A（Vitamin A）	IU/kg	8000	8000	10000
维生素D（Vitamin D）	IU/kg	1600	1600	2000

续上表

营养指标	单位	开产～高峰期（>85%）	高峰后期（<85%）	种鸡
维生素 E（Vitamin E）	IU/kg	5	5	10
维生素 K（Vitamin K）	mg/kg	0.5	0.5	1.0
硫胺素（Thiamin）	mg/kg	0.8	0.8	0.8
核黄素（Riboflavin）	mg/kg	2.5	2.5	3.8
泛酸（Pantothenic Acid）	mg/kg	2.2	2.2	10
烟酸（Niacin）	mg/kg	20	20	30
吡哆醇（Pyridoxine）	mg/kg	3.0	3.0	4.5
生物素（Biotin）	mg/kg	0.10	0.10	0.15
叶酸（Folic Acid）	mg/kg	0.25	0.25	0.35
维生素 B_{12}（Vitamin B_{12}）	mg/kg	0.004	0.004	0.004
胆碱（Choline）	mg/kg	500	500	500

附表 1-3　生长蛋鸡体重与耗料量

周龄	周末体重（g/只）	耗料量（g/只）	累计耗料量（g/只）
1	70	84	84
2	130	119	203
3	200	154	357
4	275	189	546
5	360	224	770
6	445	259	1029
7	530	294	1323
8	615	329	1652
9	700	357	2009
10	785	385	2394
11	875	413	2807
12	965	441	3248
13	1055	469	3717
14	1145	497	4214
15	1235	525	4739
16	1325	546	5285
17	1415	567	5852

续上表

周龄	周末体重（g/只）	耗料量（g/只）	累计耗料量（g/只）
18	1505	588	6440
19	1595	609	7049
20	1670	630	7679

注：0～8周龄为自由采食，9周龄的开始结合光照进行限饲。

附表1-4 肉用仔鸡营养需要

营养指标	单位	0～3周龄	4～6周龄	7周龄
代谢能（ME）	MJ/kg（Mcal/kg）	12.54（3.00）	12.96（3.10）	13.17（3.15）
粗蛋白质（CP）	%	21.5	20.0	18.0
蛋白能量比（CP/ME）	g/MJ（g/Mcal）	17.14（71.67）	15.43（64.52）	13.67（57.14）
赖氨酸能量比（Lys/ME）	g/MJ（g/Mcal）	0.92（3.83）	0.77（3.23）	0.67（2.81）
赖氨酸（Lys）	%	1.15	1.00	0.87
蛋氨酸（Met）	%	0.50	0.40	0.34
蛋氨酸+胱氨酸（Met+Cys）	%	0.91	0.76	0.65
苏氨酸（Thr）	%	0.81	0.72	0.68
色氨酸（Trp）	%	0.21	0.18	0.17
精氨酸（Arg）	%	1.20	1.12	1.01
亮氨酸（Leu）	%	1.26	1.05	0.94
异亮氨酸（Ile）	%	0.81	0.75	0.63
苯丙氨酸（Phe）	%	0.71	0.66	0.58
苯丙氨酸+酪氨酸（Phe+Tyr）	%	1.27	1.15	1.00
组氨酸（His）	%	0.35	0.32	0.27
脯氨酸（Pro）	%	0.58	0.54	0.47
缬氨酸（Val）	%	0.85	0.74	0.64
甘氨酸+丝氨酸（Gly+Ser）	%	1.24	1.10	0.96
钙（Ca）	%	1.0	0.9	0.8
总磷（Total P）	%	0.68	0.65	0.60
非植酸磷（nonphytate P）	%	0.45	0.40	0.35
氯（Cl）	%	0.20	0.15	0.15

续上表

营养指标	单位	0～3 周龄	4～6 周龄	7 周龄
钠（Na）	%	0.20	0.15	0.15
铁（Fe）	mg/kg	100	80	80
铜（Cu）	mg/kg	8	8	8
锰（Mn）	mg/kg	120	100	80
锌（Zn）	mg/kg	100	80	80
碘（I）	mg/kg	0.70	0.70	0.70
硒（Se）	mg/kg	0.30	0.30	0.30
亚油酸（Linoleic Acid）	%	1	1	1
维生素 A（Vitamin A）	IU/kg	8000	6000	2700
维生素 D（Vitamin D）	IU/kg	1000	750	400
维生素 E（Vitamin E）	IU/kg	20	10	10
维生素 K（Vitamin K）	mg/kg	0.5	0.5	0.5
硫胺素（Thiamin）	mg/kg	2.0	2.0	2.0
核黄素（Riboflavin）	mg/kg	8	5	5
泛酸（Pantothenic Acid）	mg/kg	10	10	10
烟酸（Niacin）	mg/kg	35	30	30
吡哆醇（Pyridoxine）	mg/kg	3.5	3.0	3.0
生物素（Biotin）	mg/kg	0.18	0.15	0.10
叶酸（Folic Acid）	mg/kg	0.55	0.55	0.50
维生素 B_{12}（Vitamin B_{12}）	mg/kg	0.010	0.010	0.007
胆碱（Choline）	mg/kg	1300	1000	750

附表 1－5　肉用仔鸡体重与耗料量

周龄	周末体重（g/只）	耗料量（g/只）	累计耗料量（g/只）
1	126	113	113
2	317	273	386
3	558	473	859
4	900	643	1502
5	1309	867	2369
6	1696	954	3323
7	2117	1164	4487
8	2457	1079	5566

附表 1－6　黄羽肉鸡仔鸡营养需要

营养指标	单位	0～4 周龄	5～8 周龄	♀>8 周龄，♂>5 周龄
代谢能（ME）	MJ/kg（Mcal/kg）	12.12（2.90）	12.54（3.00）	12.96（3.10）
粗蛋白质（CP）	%	21.0	19.0	16.0
蛋白能量比（CP/ME）	g/MJ（g/Mcal）	17.33（72.41）	15.15（63.30）	12.34（51.61）
赖氨酸能量比（Lys/ME）	g/MJ（g/Mcal）	0.87（3.62）	0.78（3.27）	0.66（2.74）
赖氨酸（Lys）	%	1.05	0.98	0.85
蛋氨酸（Met）	%	0.46	0.40	0.34
蛋氨酸＋胱氨酸（Met＋Cys）	%	0.85	0.72	0.65
苏氨酸（Thr）	%	0.76	0.74	0.68
色氨酸（Trp）	%	0.19	1.10	1.00
精氨酸（Arg）	%	1.19	1.10	1.00
亮氨酸（Leu）	%	1.15	1.09	0.93
异亮氨酸（Ile）	%	0.76	0.73	0.62
苯丙氨酸（Phe）	%	0.69	0.65	0.56
苯丙氨酸＋酪氨酸（Phe＋Tyr）	%	1.28	1.22	1.00
组氨酸（His）	%	0.33	0.32	0.27
脯氨酸（Pro）	%	0.57	0.55	0.46
缬氨酸（Val）	%	0.86	0.82	0.70
甘氨酸＋丝氨酸（Gly＋Ser）	%	1.19	1.14	0.97
钙（Ca）	%	1.00	0.90	0.80
总磷（Total P）	%	0.68	0.65	0.60
非植酸磷（Nonphytate P）	%	0.45	0.40	0.35
钠（Na）	%	0.15	0.15	0.15
氯（Cl）	%	0.15	0.15	0.15
铁（Fe）	mg/kg	80	80	80
铜（Cu）	mg/kg	8	8	8
锰（Mn）	mg/kg	80	80	80

续上表

营养指标	单位	0～4 周龄	5～8 周龄	♀ >8 周龄，♂ >5 周龄
锌（Zn）	mg/kg	60	60	60
碘（I）	mg/kg	0.35	0.35	0.35
硒（Se）	mg/kg	0.15	0.15	0.15
亚油酸（Linoleic Acid）	%	1	1	1
维生素 A（Vitamin A）	IU/kg	5000	5000	5000
维生素 D（Vitamin D）	IU/kg	1000	1000	1000
维生素 E（Vitamin E）	IU/kg	10	10	10
维生素 K（Vitamin K）	mg/kg	0.50	0.50	0.50
硫胺素（Thiamin）	mg/kg	1.80	1.80	1.80
核黄素（Riboflavin）	mg/kg	3.60	3.60	3.00
泛酸（Pantothenic Acid）	mg/kg	10	10	10
烟酸（Niacin）	mg/kg	35	30	25
吡哆醇（Pyridoxine）	mg/kg	3.5	3.5	3.0
生物素（Biotin）	mg/kg	0.15	0.15	0.10
叶酸（Folic Acid）	mg/kg	0.55	0.55	0.55
维生素 B_{12}（Vitamin B_{12}）	mg/kg	0.010	0.010	0.010
胆碱（Choline）	mg/kg	1000	750	500

附表 1-7 黄羽肉仔鸡体重与耗料量

周龄	周末体重（g/只）		耗料量（g/只）		累计耗料量（g/只）	
	公鸡	母鸡	公鸡	母鸡	公鸡	母鸡
1	80	89	76	70	76	70
2	199	175	201	130	277	200
3	320	253	269	142	546	342
4	492	378	371	266	917	608
5	631	493	516	295	1433	907
6	870	622	632	358	2065	1261
7	1274	751	751	359	2816	1620
8	1560	949	719	479	3535	2099
9	1814	1137	836	534	4371	2633
10		1254		540		3028
11		1380		549		3577
12		1548		514		4091

附录二　饲料原料标准

一、饲用鱼油（摘自 SC/T3504—2006）

（一）范围

本标准规定了饲料用鱼油的要求、试验方法、检验规则、标志、包装、运输、贮存。本标准适用于各类配合饲料添加使用的鱼油或作为高不饱和脂肪酸营养强化剂而使用的鱼油。

（二）技术要求

1. 感官要求

饲料用鱼油的感官要求见附表 2－1。

附表 2－1　感官要求

项目	要　求
外观	浅黄色或橙红色油状液体
气味	具有鱼油特有的微腥味，无鱼油酸败味

2. 理化指标

饲料用鱼油理化指标的规定见附表 2－2。

附表 2－2　理化指标

项目	一级	二级	营养强化鱼油
水分及挥发物（%）	≤0.2	≤0.3	≤0.2
酸价（mg(KOH)/g）	≤1.0	≤5.0	≤1.0
过氧化值（mmol/g）	≤6.0	≤8.0	≤3.0
不皂化物（%）	≤3.0	≤3.0	≤3.0
碘价（g(I)/100g）	≥140		≥160
EPA + DHA 质量分数（%）	≥20		≥30

3. 抗氧化剂

若使用抗氧化剂应符合饲料添加剂的要求，并注明添加的品种及添加量。

二、饲料用玉米（摘自 GB/T 17890—2008）

（一）主题内容和适用范围

本标准规定了饲料用玉米的定义、要求、抽样、检验方法、检验规则、包装、运输和贮存。本标准适用于收购、贮存、运输、加工、销售的商品饲料用玉米。

(二) 技术要求

(1) 色泽、气味正常。
(2) 杂质含量≤1.0%。
(3) 生霉粒≤2.0%。
(4) 粗蛋白质(干基)≥8.0%。
(5) 水分含量≤14.0%。
(6) 以容重、不完善粒为定等级指标(见附表2-3)。

附表2-3 饲料用玉米等级质量指标

等级	容重/($g \cdot L^{-1}$)	不完善粒/%
一级	≥710	≤5.0
二级	≥685	≤6.5
三级	≥660	≤8.0

(7) 一级饲料用玉米的脂肪酸值(KOH)≤60 mg/100 g。
(8) 卫生检验和动植物检疫按国家有关标准和规定执行。

三、饲料用大豆粕(摘自GB/T19541—2017)

(一) 主题内容和适用范围

本标准规定了饲料原料豆粕的相关术语和定义、要求、试验方法、检验规则、标签、包装、运输和贮存。本标准适用于大豆经预压浸提或直接溶剂浸提取油后获得的饲料原料豆粕;或由大豆饼浸提取油后获得的饲料原料豆粕;或大豆胚片经膨胀浸提制油工艺提取油后获得的饲料原料豆粕。

(二) 技术要求

1. 性状

本品呈浅黄色或淡棕色或红褐色;不规则的碎片状或粗颗粒状或粗粉状;无发酵、霉变、虫害及异味异臭。

2. 质量等级指标

质量等级指标见附表2-4。

附表2-4 质量等级指标

项目	等级			
	特级品	一级品	二级品	三级品
粗蛋白质/%	≥48.0	≥46.0	≥43.0	≥41.0

续上表

项目	等级			
	特级品	一级品	二级品	三级品
粗纤维/%	≤5.0	≤7.0	≤7.0	≤7.0
赖氨酸/%	≥2.50		≥2.30	
水分/%	≤12.5			
粗灰分/%	≤7.0			
尿素酶活性/$(U\cdot g^{-1})$	≤0.30			
氢氧化钾蛋白质溶解度①/%	≥73.0			

① 大豆饼浸提取油后获得的饲料原料豆粕，该指标由供需双方约定。

3. 卫生指标

应符合 GB 13078 的有关规定。

四、饲料级磷酸氢钙（摘自 GB 22549—2017）

（一）主题内容和适用范围

本标准规定了饲料添加剂磷酸氢钙的质量指标、试验方法、检验规则以及标签、包装、运输和贮存的要求。本标准适用于湿法磷酸按一定的钙磷比生产出的饲料添加剂磷酸氢钙。

（二）技术要求

外观：白色或略带微黄色粉末或颗粒。

饲料添加剂磷酸氢钙按本标准的试验方法检测应符合附表 2－5 中的技术要求。

附表 2－5　技术要求

项　　目		指　　标		
		Ⅰ型	Ⅱ型	Ⅲ型
总磷（P），w/%	≥	16.5	19.0	21.0
枸溶性磷（P），w/%	≥	14.0	16.0	18.0
水溶性磷（P），w/%	≥	—	8.0	10.0
钙（Ca），w（%）	≥	20.0	15.0	14.0
氟（F）/$(mg\cdot kg^{-1})$	≤	1800		
砷（As）/$(mg\cdot kg^{-1})$	≤	20		
铅（Pb）/$(mg\cdot kg^{-1})$	≤	30		

续上表

项　　目			指　　标		
			Ⅰ型	Ⅱ型	Ⅲ型
镉（Cd）/($mg \cdot kg^{-1}$)		≤	10		
铬（Cr）/($mg \cdot kg^{-1}$)		≤	30		
游离水分，w/%		≤	4.0		
细度，w/%	粉状，通过 0.5 mm 试验筛	≥	95		
	粉状，通过 2 mm 试验筛	≥	90		

注：用户对细度有特殊要求时，由供需方协商。

（三）判定规则

检验结果有一项不符合本标准要求时，应重新自两倍量的包装中采样进行复验，复验结果若有一项指标不符合本标准的要求，则整批产品为不合格。

五、饲料级硫酸锰（摘自 GB 34468—2017）

（一）范围

本标准规定了饲料添加剂一水合硫酸锰的要求、试验方法、检验规则、标签、包装、运输、贮存和保质期。本标准适用于以锰矿石为主要原料生产的饲料添加剂一水合硫酸锰。分子式：$MnSO_4 \cdot H_2O$ 。相对分子质量：169.01（按 2007 年国际相对原子质量）。

（二）技术要求

1. 外观和性状

一水合硫酸锰产品为略带粉红色的结晶粉末。

2. 技术指标

饲料添加剂硫酸锰产品应符合附表 2－6 的规定。

附表 2－6　技术指标

项　　目	指　　标
硫酸锰（以 $MnSO_4 \cdot H_2O$ 计）/%	≥98.0
锰（Mn）/%	≥31.8
总砷（As）/($mg \cdot kg^{-1}$)	≤3
铅（Pb）/($mg \cdot kg^{-1}$)	≤5
镉（Cd）/($mg \cdot kg^{-1}$)	≤10
汞（Hg）/($mg \cdot kg^{-1}$)	≤0.2
水不溶物/%	≤0.1
细度（通过 250 μm 试验筛）/%	≥95

六、饲料添加剂蛋氨酸羟基类似物钙盐（摘自 GB 21034—2017）

（一）范围

本标准规定了饲料添加剂蛋氨酸羟基类似物钙盐的要求、试验方法、检验规则以及标签、包装、运输、贮存和保质期。

本标准适用于以蛋氨酸羟基类似物和氢氧化钙为主要原料生产的饲料添加剂蛋氨酸羟基类似物钙盐。

化学名：2-羟基- 4-甲硫基丁酸钙盐；2-羟基- 4-甲硫基丁酸钙；羟基蛋氨酸钙。

分子式：$(CH_3SCH_2CH_2CHOHCOO)_2Ca$。

相对分子质量：338.44（按 2007 年国际相对原子质量）。

（二）要求

1. 外观和性状

本品为白色、浅灰色或灰褐色粉末或颗粒，有特有腥臭味。

2. 技术指标

技术指标应符合附表 2－7 规定。

附表 2－7 技术指标

项　目	指　标
蛋氨酸羟基类似物钙盐含量（以干基计）/%	≥95.0
蛋氨酸羟基类似物含量（以干基计）/%	≥84.0
钙/%	11.0 ～ 15.0
干燥失重/%	≤1.0
重金属（以 Pb 计）/($mg \cdot kg^{-1}$)	≤20
总砷（As）/($mg \cdot kg^{-1}$)	≤2

附录三 配合饲料产品标准

一、产蛋后备鸡、产蛋鸡、肉用仔鸡配合饲料（摘自 GB/T 5916—2008）

（一）范围

本标准规定了产蛋后备鸡、产蛋鸡、肉用仔鸡配合饲料的质量指标、试验方法、检验规则、判定规则以及标签、包装、运输和贮存的要求。

本标准适用于产蛋后备鸡、产蛋鸡、肉用仔鸡的配合饲料，不适用于种鸡及地方品种鸡各阶段的配合饲料要求。

（二）要求

（1）感官。无霉变、结块及异味、异嗅。

（2）水分。不高于 14.0%。

（3）加工质量：

① 粒度。

（a）粉料：肉用仔鸡、产蛋后备鸡配合饲料应全部通过孔径为 5.00 mm 的编织筛，产蛋鸡配合饲料应全部通过孔径为 7.00 mm 的编织筛；

（b）颗粒饲料：应符合 GB/T 16765 的要求。

② 混合均匀度。配合饲料应混合均匀，其变异系数应小于等于 10%。

（4）营养成分指标，见附表 3－1。

附表 3－1 产蛋后备鸡、产蛋鸡、肉用仔鸡配合饲料主要营养成分（%）

产品名称		粗蛋白质（≥）	赖氨酸（≥）	蛋氨酸（≥）	粗脂肪（≥）	粗纤维（≤）	粗灰分（≤）	钙	总磷（≥）	食盐
产蛋后备鸡	育雏期	18.0	0.85	0.32	2.5	6.0	8.0	0.6～1.2	0.55	0.30～0.80
	育成前期	15.0	0.66	0.27	2.5	8.0	9.0	0.6～1.2	0.50	0.30～0.80
	育成后期	14.0	0.45	0.20	2.5	8.0	10.0	0.6～1.4	0.45	0.30～0.80
产蛋鸡	产蛋前期	16.0	0.60	0.30	2.5	7.0	15.0	2.0～3.0	0.50	0.30～0.80
	产蛋高峰期	16.0	0.65	0.32	2.5	7.0	15.0	3.0～4.2	0.50	0.30～0.80
	产蛋后期	14.0	0.60	0.30	2.5	7.0	15.0	3.0～4.4	0.45	0.30～0.80
肉用仔鸡	前期	20.0	1.00	0.40	2.5	6.0	8.0	0.8～1.2	0.60	0.30～0.80
	中期	18.0	0.90	0.35	3.0	7.0	8.0	0.7～1.2	0.55	0.30～0.80
	后期	16.0	0.80	0.30	3.0	7.0	8.0	0.6～1.2	0.50	0.30～0.80

注：1. 添加植酸酶大于等于 300 FTU/kg，产蛋后备鸡配合饲料、产蛋鸡配合饲料总磷可以降低 0.10%；肉用仔鸡前期、中期和后期配合饲料中添加植酸酶大于等于 750 FTU/kg，总磷可以降低 0.08%。

2. 添加液体蛋氨酸的饲料，蛋氨酸可以降低，但应在标签中注明添加液体蛋氨酸，并标明其添加量。

（5）卫生指标。饲料的卫生指标应符合 GB 13078 的要求。

（6）饲料中药物和药物饲料添加剂的使用。饲料中添加药物饲料添加剂时，应符合《饲料药物添加剂使用规范》的规定，不得使用《禁止在饲料和动物饮用水中使用的药物品种目录》和《食品动物禁用的兽药及其他化合物清单》中的药品及化合物。

（7）营养性饲料添加剂和一般饲料添加剂的使用。饲料中添加营养性饲料添加剂、一般饲料添加剂时，应依据《饲料添加剂目录》规定，使用国家许可生产和经营的饲料添加剂。

二、仔猪、生长肥育猪配合饲料

（一）范围

本标准规定了仔猪、生长肥育猪配合饲料的要求、试验方法、检验规则以及标签、包装、运输和贮存的要求。

本标准适用于加工、销售、贮存和使用的瘦肉型仔猪、生长肥育猪配合饲料。

（二）要求

（1）感官。无霉变、结块及异味、异嗅。

（2）水分。不高于 14.0%。

（3）加工质量：

① 粒度。

（a）粉料：99%通过 2.80 mm 编织筛，但不得有整粒谷物；1.40 mm 编织筛筛上物不得大于 15%。

（b）颗粒饲料：应符合 GB/T 16765 的要求。

② 混合均匀度。配合饲料应混合均匀，其变异系数应小于等于 10%。

（4）营养成分指标，见附表 3－2。

附表 3－2　仔猪、生长肥育猪配合饲料主要营养成分含量（%）

产品名称		粗蛋白质（≥）	粗脂肪（≥）	粗纤维（≤）	粗灰分（≤）	钙	总磷（≥）	食盐	赖氨酸（≥）	蛋氨酸（≥）	苏氨酸（≥）
仔猪饲料	前期（3 ～10 kg）	18	2.5	4.0	7.0	0.70～1.00	0.65	0.30～0.80	1.35	0.40	0.86
	后期（10～20 kg）	17	2.5	5.0	7.0	0.60～0.90	0.60	0.30～0.80	1.15	0.30	0.75
生长肥育猪饲料	前期（20～40 kg）	15	1.5	7.0	8.0	0.60～0.90	0.50	0.30～0.80	0.90	0.24	0.58
	中期（40～70 kg）	14	1.5	7.0	8.0	0.55～0.80	0.40	0.30～0.80	0.75	0.22	0.50
	后期（70 kg 至出栏）	13	1.5	8.0	9.0	0.50～0.80	0.35	0.30～0.80	0.60	0.19	0.45

注：1. 添加植酸酶的仔猪、生长肥育猪配合饲料，总磷含量可以降低 0.1%，但生产厂家应制定企业标准，在饲料标签上注明添加植酸酶，并标明其添加量。

2. 添加蛋氨酸羟基类似物的仔猪、生长肥育猪配合饲料，蛋氨酸含量可以降低，但生产厂家应制定企业标准，在饲料标签上注明添加蛋氨酸羟基类似物，并标明其添加量。

（5）卫生指标。饲料的卫生指标应符合 GB 13078 的要求。

（6）饲料中药物和药物饲料添加剂的使用。饲料中添加药物饲料添加剂时，应符合《饲料药物添加剂使用规范》的规定，不得使用《禁止在饲料和动物饮用水中使用的药物品种目录》和《食品动物禁用的兽药及其他化合物清单》中的药品及化合物。

（7）营养性饲料添加剂和一般饲料添加剂的使用。仔猪、生长肥育猪配合饲料配制中添加营养性饲料添加剂、一般饲料添加剂时，应依据《饲料添加剂目录》规定，使用国家许可生产和经营的饲料添加剂和添加剂预混合饲料产品。

二、肉用仔鸡、产蛋鸡微量元素预混合饲料（摘自 NY/T903—2004）

（一）范围

本标准规定了肉用仔鸡、产蛋鸡微量元素预混合饲料的质量指标、试验方法、检验规则、判定规则、标签、包装、运输和贮存的要求。本标准适用于肉用仔鸡、产蛋鸡微量元素预混合词料；不适用于产蛋后备鸡、地方品种鸡和种用鸡微量元素预混合饲料，也不适用于配合饲料。

（二）要求

（1）感官要求。色泽一致，无发酵、霉变、结块及异味、异嗅。

（2）水分。要求应不大于 5%。

（3）加工质量：

① 粉碎粒度。要求全部通过孔径为 0.42 mm 分析筛，0.171 mm 分析筛筛上物应不多于 20%。

② 混合均匀度。变异系数应不大于 7%。

（4）卫生指标。卫生指标及其检测按 GB 13078 规定执行。

警告：浓缩饲料中添加饲料药物添加剂时应符合《饲料药物添加剂使用规范》的规定，不应使用《禁止在饲料和动物饮用水中使用的药物品种目录》中的药品。

（5）营养成分指标（见附表 3－3）。

附表 3－3　微量元素预混合饲料营养成分

单位：g/kg

	铜	铁	锰	锌	硒	碘
产蛋鸡	≥8.0	≥60	≥60	≥80	0.20～2.0	≥0.35
肉用仔鸡	≥8.0	≥100	≥120	≥100	0.30～2.0	≥0.70

注：当使用有机微量元素添加剂时，饲料中微量元素值可以相应降低，但生产厂家应制订企业标准，标签上注明使用有机微量元素添加剂的产品名称及其添加量。

三、仔猪、生长肥育猪维生素预混料标准（摘自 NY/T 1029—2006）

（一）范围

本标准规定了仔猪、生长肥育猪维生素预混合饲料的技术要求、试验方法、验收规则、标签及包装运输和贮存。

本标准适用于瘦肉型仔猪、生长肥育猪的维生素预混合饲料。

（1）仔猪包括仔猪前期（体重 15 kg 以下）和仔猪后期（体重为 15 ～ 30 kg）；

（2）生长肥育猪包括生长期猪（体重为 30 ～ 60 kg）和肥育猪（体重大于 60 kg）。

（二）要求

（1）感官指标。色泽一致，无发霉变质、结块及异味、异臭。

（2）水分。不得高于 7% 。

（3）加工质量指标：

① 粉碎粒度。98% 通过 1. 1 mm 孔径的分析筛。

② 混合均匀度。混合均匀度（变异系数）不得大于 7% 。

（4）有毒有害物质。含铅量不高于 30 mg/kg，含砷量不高于 10 mg/kg。

（5）预混合饲料中维生素含量。见附表 3 –4。

附表 3 –4　预混合饲料中维生素含量

指标	A (IU/kg)	D_3 (IU/kg)	E (mg/kg)	K_3 (mg/kg)	B_1 (mg/kg)	B_2 (mg/kg)	B_6 (mg/kg)	B_{12} (mg/kg)	烟酸 (mg/kg)	泛酸 (mg/kg)	叶酸 (mg/kg)	生物素 (mg/kg)
仔猪（前期）	9×10^5	9×10^4	6400	250	230	450	330	2. 2	2200	1200	70	30
仔猪（后期）	8×10^5	8×10^4	4000	220	200	300	200	2. 0	1500	1000	50	20
生长期猪	4×10^5	5×10^4	2000	220	180	220	150	1. 2	1000	800	30	5
肥育猪	4×10^5	5×10^4	2000	220	120	200	120	1. 0	1000	700	30	5

注：上述为最低值，按日粮中添加比例 1% 计算，其他添加比例的配方可按上表中的量折算。

四、蛋鸡复合预混料标准（摘自 GB/T 22544—2008）

（一）范围

本标准规定了 1% 蛋鸡复合预混合饲料的相关术语和定义、技术要求、试验方法、检验规则以及标签、包装、贮存和运输的要求。

本标准适用于蛋鸡养殖场和饲料工业化生产的蛋鸡育雏期、蛋鸡育成期、蛋鸡产蛋期使用的以维生素和微量元素等为原料的蛋鸡复合预混合饲料。

（二）要求

（1）感官要求。色泽一致，无发霉变质、结块及异味、异嗅。

（2）水分。含量不大于10%。

（3）加工质量指标：

① 粉碎粒度。全部通过孔径为1.19 mm分析筛；孔径为0.59 mm分析筛的筛上物≤10%。

② 混合均匀度。混合应均匀，变异系数（C_V）≤5%。

（4）卫生指标。应符合GB 13078的有关要求和符合附表3－5的规定。

附表3－5　蛋鸡复合预混合饲料镉的判定指标

项目	产品名称	指标	试验方法	备注
镉（以Cd计）的允许量/(mg/kg)	蛋鸡复合预混合饲料	≤15	GB/T 13082	以在配合饲料中1%的添加量计

（5）1%预混合饲料中维生素及微量元素营养成分含量，见附表3－6。

附表3－6　维生素及微量元素营养成分含量

项目	蛋鸡育雏期（0～6周龄）	蛋鸡育成前期（7～12周龄）	蛋鸡育成后期（13～18周龄）	蛋鸡产蛋期（19～72周龄）
维生素A/($IU\cdot kg^{-1}$) ≥	800 000	730 000		780 000
维生素D_3/($IU\cdot kg^{-1}$) ≥	220 000	180 000		170 000
维生素E/($mg\cdot kg^{-1}$) ≥	1300	1200		1200
维生素K_3/($mg\cdot kg^{-1}$) ≥	140	130		120
维生素B_1/($mg\cdot kg^{-1}$) ≥	180	130		110
维生素B_2/($mg\cdot kg^{-1}$) ≥	200	150		200
维生素B_6/($mg\cdot kg^{-1}$) ≥	200	200		200
维生素B_{12}/($mg\cdot kg^{-1}$) ≥	1.0	0.5		0.5
烟酸（烟酰胺）/($mg\cdot kg^{-1}$) ≥	2000	2000		2000
泛酸/($mg\cdot kg^{-1}$) ≥	1000	1000		600
叶酸/($mg\cdot kg^{-1}$) ≥	55	25		25
生物素/($mg\cdot kg^{-1}$) ≥	15	10		10
锰/($g\cdot kg^{-1}$) ≥	6	4		6
铁/($g\cdot kg^{-1}$) ≥	8	6		6
锌/($g\cdot kg^{-1}$)	6～25	6～25		6～25
铜/($g\cdot kg^{-1}$)	0.8～3.5	0.6～3.5		0.8～3.5
硒/($g\cdot kg^{-1}$)	10～50	10～50		10～50
碘/($g\cdot kg^{-1}$) ≥	35	35		35

注：1. 其他比例蛋鸡复合预混合饲料中维生素、微量元素含量可参考本标准按照相应比例折算生产。

2. 使用有机微量元素时，可适当降低微量元素含量。

3. 锌的最高允许使用量按NY929规定执行。

五、产蛋鸡、肉用仔鸡浓缩料标准（摘自 NY/T 903—2004）

（一）范围

本标准规定了肉用仔鸡、产蛋鸡浓缩饲料的质量指标、试验方法、检验规则、判定规则、标签、包装、运输和贮存的要求。

（二）要求

（1）感官要求。色泽一致，无发酵、霉变、结块及异味、异嗅。

（2）水分。要求应不大于 10%。

（3）加工质量：

① 粉碎粒度。要求全部通过孔径为 2. 38 mm 分析筛，1. 19 mm 分析筛筛上物应不多于 10%。

② 混合均匀度。变异系数应不大于 10%。

（4）卫生指标。卫生指标及其检测按 GB 13078 规定执行。

警告：浓缩饲料中添加饲料药物添加剂时应符合《饲料药物添加剂使用规范》的规定，不应使用《禁止在饲料和动物饮用水中使用的药物品种目录》中的药品。

（4）营养成分指标，见附表 3 - 7、附表 3 - 8 和附表 3 - 9。

附表 3 - 7　浓缩饲料常规成分要求（%）

品种		粗蛋白质	赖氨酸	蛋氨酸	粗纤维	粗灰分	钙	总磷	食盐
产蛋鸡	30% 浓缩饲料	≥38	≥2. 0	≥0. 8	≤13	≤14	1. 3 ~ 4. 0	1. 1 ~ 2. 1	0. 80 ~ 2. 40
	40% 浓缩词料	≥30	≥1. 5	≥0. 6	≤10	≤30	8. 0 ~ 10. 0	0. 8 ~ 1. 6	0. 60 ~ 1. 80
肉用仔鸡	前期浓缩饲料	≥40	≥2. 5	≥1	≤10	≤16	2. 0 ~ 3. 3	1. 1 ~ 1. 4	0. 60 ~ 1. 80
	中期浓缩饲料	≥35	≥2. 2	≥0. 7	≤10	≤16	1. 7 ~ 3. 0	1. 0 ~ 1. 4	0. 60 ~ 1. 80
	后期浓缩饲料	≥30	≥1. 8	≥0. 5	≤10	≤16	1. 7 ~ 3. 0	1. 0 ~ 1. 4	0. 60 ~ 1. 80

注：1. 饲料中营养成分以 90% 干物质计算。

2. 添加液体蛋氨酸的饲料，蛋氨酸含量可以降低，但生产厂家在饲料标签中必须注明添加液体蛋氨酸，并标明该饲料蛋氨酸含量范围。

3. 凡是添加植酸酶的饲料，总磷可以降低，但生产厂家应制订企业标准，并在饲料标签中注明添加植酸酶及其添加量。

附表 3 - 8　浓缩饲料主要微量元素含量

单位：mg/kg

品种		铜	铁	锰	锌	硒	碘
产蛋鸡	30% 浓缩饲料	≥26	≥200	≥200	≥260	0. 67 ~ 6. 7	≥1. 17
	40% 浓缩词料	≥20	≥150	≥150	≥200	0. 50 ~ 5. 0	≥0. 88

续上表

品种		铜	铁	锰	锌	硒	碘
肉用仔鸡	前期浓缩饲料	≥25	≥275	≥300	≥300	0.75 ~ 5.0	≥1.75
	中期浓缩饲料	≥20	≥200	≥250	≥200	0.75 ~ 5.0	≥1.75
	后期浓缩饲料	≥20	≥200	≥200	≥200	0.75 ~ 5.0	≥1.75

注：当使用有机微量元素添加剂时，饲料中微量元素值可以相应降低，但生产厂家应制订企业标准，标签上注明使用有机微量元素添加剂的产品名称，并标明其添加量。

附表 3 - 9　浓缩饲料主要维生素含量

单位：IU/kg

品种		维生素 A	维生素 D_3	维生素 E	维生素 B_1	维生素 B_2	维生素 B_6
产蛋鸡	30% 浓缩饲料	≥26 700	≥5000	≥17.0	≥3.0	≥8.0	≥10.0
	40% 浓缩词料	≥20 000	≥4000	≥12.5	≥2.0	≥6.0	≥8.0
肉用仔鸡	前期浓缩饲料	≥20 000	≥2500	≥50	≥5.0	≥20	≥8.7
	中期浓缩饲料	≥15 000	≥1875	≥25	≥5.0	≥12.5	≥7.5
	后期浓缩饲料	≥6750	≥1000	≥25	≥5.0	≥12.5	≥7.5

附录四 饲料卫生标准

（摘自 GB 13078—2017）

饲料卫生指标及试验方法

序号	项目	产品名称		限量	试验方法	备注
无机污染物						
1	总砷（mg/kg）	饲料原料	干草及其加工产品	≤4	GB/T 13079	
			棕榈仁饼（粕）	≤4		
			藻类及其加工产品	≤40		
			甲壳类动物及其副产品（虾油除外）、鱼虾粉、水生软体动物及其副产品（油脂除外）	≤15		
			其他水生动物源性饲料原料（不含水生动物油脂）	≤10		
			肉粉、肉骨粉	≤10		
			石粉	≤2		
			其他矿物质饲料原料	≤10		
			油脂	≤7		
			其他饲料原料	≤2		
		饲料产品	添加剂预混合饲料	≤10		
			浓缩饲料	≤4		
			精料补充料	≤4		
			水产配合饲料	≤10		
			狐狸、貉、貂配合饲料	≤10		
			其他配合饲料	≤2		
2	铅（mg/kg）	饲料原料	单细胞蛋白饲料原料	≤5	GB/T 13080	
			矿物质饲料原料	≤15		
			饲草、粗饲料及其加工产品	≤30		
			其他饲料原料	≤10		
		饲料产品	添加剂预混合饲料	≤40		
			浓缩饲料	≤10		
			精料补充料	≤8		
			配合饲料	≤5		

续上表

序号	项目	产品名称		限量	试验方法	备注
3	汞（mg/kg）	饲料原料	鱼、其他水生生物及其副产品类饲料原料	≤0.5	GB/T 13081	
			其他饲料原料	≤0.1		
		饲料产品	水产配合饲料	≤0.5		
			其他配合饲料	≤0.1		
4	镉（mg/kg）	饲料原料	藻类及其加工产品	≤2	GB/T 13082	
			植物性饲料原料	≤1		
			水生软体动物及其副产品	≤75		
			其他动物源性饲料原料	≤2		
			石粉	≤0.75		
			其他矿物质饲料原料	≤2		
		饲料产品	添加剂预混料	≤5		
			浓缩饲料	≤1.25		
			犊牛、羔羊精料补充料	≤0.5		
			其他精料补充料	≤1		
			虾、蟹、海参、贝类配合饲料	≤2		
			水产配合饲料（虾、蟹、海参、贝类配合饲料除外）	≤1		
			其他配合饲料	≤0.5		
5	铬（mg/kg）	饲料原料		≤5	GB/T 13088—2006（原子吸收光谱法）	
		饲料产品	猪用添加剂预混合饲料	≤20		
			其他添加剂预混合饲料	≤5		
			猪用浓缩饲料	≤6		
			其他浓缩饲料	≤5		
			配合饲料	≤5		
6	氟（mg/kg）	饲料原料	甲壳类动物及其副产品	≤3000	GB/T 13083	
			其他动物源性饲料原料	≤500		
			蛭石	≤3000		
			其他矿物质饲料原料	≤400		
			其他饲料原料	≤150		

续上表

序号	项目	产品名称		限量	试验方法	备注
6	氟（mg/kg）	饲料产品	添加剂预混合料	≤800	GB/T 13083	
			浓缩饲料	≤500		
			牛、羊精料补充料	≤50		
			猪配合饲料	≤100		
			肉用仔鸡、育雏鸡、育成鸡配合饲料	≤250		
			产蛋鸡配合饲料	≤350		
			鸭配合饲料	≤200		
			水产配合饲料	≤350		
			其他配合饲料	≤150		
7	亚硝酸盐（以 $NaNO_2$ 计）（mg/kg）	饲料原料	火腿肠粉等肉制品生产过程中获得的前食品和副产品	≤80	GB/T 13085	
			其他饲料原料	≤15		
		饲料产品	浓缩饲料	≤20		
			精料补充料	≤20		
			配合饲料	≤15		
真菌霉素						
8	黄曲霉毒素 B_1（μg/kg）	饲料原料	玉米加工产品、花生饼（粕）	≤50	NY/T 2071	
			植物油脂（玉米油、花生油除外）	≤10		
			玉米油、花生油	≤20		
			其他植物性饲料原料	≤30		
		饲料产品	仔猪、雏禽浓缩饲料	≤10		
			肉用仔鸭后期、生长鸭、产蛋鸭浓缩饲料	≤15		
			其他浓缩饲料	≤20		
			犊牛、羔羊精料补充料	≤20		
			泌乳期精料补充料	≤10		
			其他精料补充料	≤30		
			仔猪、雏禽配合饲料	≤10		
			肉用仔鸭后期、生长鸭、产蛋鸭配合饲料	≤15		
			其他配合饲料	≤20		

续上表

序号	项目	产品名称		限量	试验方法	备注
9	猪曲霉毒素 A (μg/kg)	饲料原料	谷物及其加工产品	≤100	GB/T 30957	
		饲料产品	配合饲料	≤100		
10	玉米赤霉烯酮 (mg/kg)	饲料原料	玉米及其加工产品（玉米皮、喷浆玉米皮、玉米浆干粉除外）	≤0.5	NT/T 2071	
			玉米皮、喷浆玉米皮、玉米浆干粉、玉米酒糟类产品	≤1.5		
			其他植物性饲料原料	≤1		
		饲料产品	犊牛、羔羊、泌乳期精料补充料	≤0.5		
			仔猪配合饲料	≤0.15		
			青年母猪配合饲料	≤0.1		
			其他猪配合饲料	≤0.25		
			其他配合饲料	≤0.5		
11	脱氧雪腐镰刀菌烯醇（呕吐毒素）(mg/kg)	饲料原料	植物性饲料原料	≤5	GB/T 30956	
		饲料产品	犊牛、羔羊、泌乳期精料补充料	≤1		
			其他精料补充料	≤3		
			猪配合饲料	≤1		
			其他配合饲料	≤3		
12	T-2 毒素 (mg/kg)	植物性饲料原料		≤0.5	NY/T 2071	
		猪、禽配合饲料		≤0.5		
13	伏马毒素 (B_1+B_2) (mg/kg)	饲料原料	玉米及其加工产品、玉米酒糟类产品、玉米青贮饲料和玉米秸秆	≤60	NY/T 1970	
		饲料产品	犊牛、羔羊精料补充料	≤20		
			马、兔精料补充料	≤5		
			其他反刍动物精料补充料	≤50		
			猪浓缩饲料	≤5		
			家禽浓缩饲料	≤20		
			猪、兔、马配合饲料	≤5		
			家禽配合饲料	≤20		
			鱼配合饲料	≤10		

续上表

序号	项目	产品名称		限量	试验方法	备注
天然植物毒素						
14	氰化物（以 HCN 计）（mg/kg）	饲料原料	亚麻籽【胡麻籽】	≤250	GB/T 13084	
			亚底料【胡麻籽】饼、亚麻籽【胡麻籽】粕	≤350		
			木薯及其加工产品	≤100		
			其他饲料原科	≤50		
		饲料产品	雏鸡配合饲料	≤10		
			其他配合饲料	≤50		
15	游离棉酚（mg/kg）	饲料原料	棉籽油	≤200	GB/T 13086	
			棉籽	≤5000		
			脱酚棉籽蛋白、发酵棉籽蛋白	≤400		
			其他棉籽加工产品	≤1200		
			其他饲料原料	≤20		
		饲料产品	猪（仔猪除外）、兔配合饲料	≤60		
			家禽（产蛋禽除外）配合饲料	≤100		
			犊牛精料补充料	≤100		
			其他牛精料补充料	≤500		
			羔羊精料补充料	≤60		
			其他羊羔精料补充料	≤300		
			植食性、杂食性水产动物配合饲料	≤300		
			其他水产配合饲料	≤150		
			其他畜禽配合饲料	≤20		
16	异硫氰酸酯（以丙烯基异硫氰酸酯计）（mg/kg）	饲料原料	菜籽及其加工产品	≤4000	GB/T 13087	
			其他饲料原料	≤100		
		饲料产品	犊牛、羔羊精料补充料	≤150		
			其他犊牛、羔羊精料补充料	≤1000		
			猪（仔猪除外）、家禽配合饲料	≤500		
			水产配合饲料	≤800		
			其他配合饲料	≤150		

续上表

序号	项目	产品名称		限量	试验方法	备注
17	噁唑烷硫酮（以5-乙烯基-噁唑-2-硫酸计）(mg/kg)	饲料原料	菜籽及其加工产品	≤2500	GB/T 13089	
		饲料产品	产蛋禽配合饲料	≤500		
			其他家禽配合饲料	≤1000		
			水产配合饲料	≤800		
有机氯污染物						
18	多氯联苯（PCB，以PCB2、PCB52、PCB101、PCB138、PCB153、PCB180之和计）(μg/kg)	饲料原料	植物性饲料原料	≤10	GB 5009. 190	
			矿物质饲料原料	≤10		
			动物脂肪、乳脂和蛋脂	≤10		
			其他陆生动物产品，包括乳、蛋及其制品	≤10		
			鱼油	≤175		
			鱼和其他水生动物及其制品（鱼油、脂肪含量大于20%的鱼蛋白水解物除外）	≤30		
			脂肪含量大于20%的鱼蛋白水解物	≤50		
		饲料产品	添加剂预混配合饲料	≤10		
			水产浓缩饲料、水产配合饲料	≤40		
			其他浓缩饲料、精料补充料、配合饲料	≤10		
19	六六六（HCH，以α-HCH、β-HCH、γ-HCH之和计）(mg/kg)	饲料原料	谷物及其加工产品（油脂除外），油料籽实及其加工产品（油脂除外）、鱼粉	≤0. 05	GB/T 13090	
			油脂	≤2. 0	GB/T 5009. 19	
			其他饲料原料	≤0. 2	GB/T13090	
		饲料产品	添加剂预混合饲料、浓缩饲料，精料补充料、配合饲料	≤0. 2		
20	滴滴涕（以ρ，ρ'-DDE、σ，ρ'-DDT、ρ，ρ'-DDD、ρ，ρ'-DDT之和计）(mg/kg)	饲料原料	谷物及其加工产品（油脂除外），油料籽实及其加工产品（油脂除外）、鱼粉	≤0. 02	GB/T 13090	
			油脂	≤0. 5	GB/T 5009. 19	
			其他饲料原料	≤0. 05	GB/T 13090	
		饲料产品	添加剂预混合饲料、浓缩饲料，精料补充料、配合饲料	≤0. 05		

续上表

序号	项目	产品名称		限量	试验方法	备注
21	六氯苯（HCB）（mg/kg）	饲料原料	油脂	≤0.2	SN/T 0127	
21	六氯苯（HCB）（mg/kg）	饲料原料	其他饲料原料	≤0.01	SN/T 0127	
21	六氯苯（HCB）（mg/kg）	饲料产品	添加剂预混合饲料、浓缩饲料，精料补充料、配合饲料	≤0.01	SN/T 0127	
微生物污染物						
22	霉菌总数（CFU/g）	饲料原料	谷物及其加工产品	$<4\times10^4$	GB/T 13092	
22	霉菌总数（CFU/g）		饼粕类饲料原料（发酵产品除外）	$<4\times10^3$	GB/T 13092	
22	霉菌总数（CFU/g）		乳制品及加工副产品	$<1\times10^3$	GB/T 13092	
22	霉菌总数（CFU/g）		鱼粉	$<1\times10^4$	GB/T 13092	
22	霉菌总数（CFU/g）		其他动物源性饲料原料	$<2\times10^4$	GB/T 13092	
23	细菌总数（CFU/g）	动物源性饲料原料		$<2\times10^6$	GB/T 13093	
24	沙门氏菌25g中	饲料原料和饲料产品		不得检出	GB/T 13091	

表中所列限量，除特别注明外均以干物质含量88%为基础计数（霉菌总数，细菌总数，沙门氏菌除外），饲料原料单独饲喂时，应按相应配合饲料限量执行。

附录五　鸡饲料成分表

附表 5 - 1　饲料描述及常规成分

序号	中国饲料号（CFN）	饲料名称	饲料描述	干物质 DM/%	粗蛋白 CP/%	粗脂肪 EE/%	粗纤维 CF/%	无氮浸出物 NFE /%	粗灰分 Ash /%	中洗纤维 NDF /%	酸洗纤维 ADF /%	w_{Ca} /%	w_{P} /%	非植酸磷 N-Phy-P /%	鸡代谢能 ME	
															Mcal * /kg	MJ/kg
1	4 - 07 - 0278	玉米	成熟，高蛋白，优质	86.0	9.4	3.1	1.2	71.1	1.2	—	—	0.02	0.27	0.12	3.18	13.31
2	4 - 07 - 0288	玉米	成熟，高赖氨酸，优质	86.0	8.5	5.3	2.6	67.3	1.3	—	—	0.16	0.25	0.09	3.25	13.60
3	4 - 07 - 0279	玉米	成熟，GB/T 17890—1999，1 级	86.0	8.7	3.6	1.6	70.7	1.4	9.3	2.7	0.02	0.27	0.12	3.24	13.56
4	4 - 07 - 0280	玉米	成熟，GB/T 17890—1999，2 级	86.0	7.8	3.5	1.6	71.8	1.3	—	—	0.02	0.27	0.12	3.22	13.47
5	4 - 07 - 0272	高粱	成熟，NY/T 1 级	86.0	9.0	3.4	1.4	70.4	1.8	17.4	8.0	0.13	0.36	0.17	2.94	12.30
6	4 - 07 - 0270	小麦	混合小麦，成熟 NY/T 2 级	87.0	13.9	1.7	1.9	67.6	1.9	13.3	3.9	0.17	0.41	0.13	3.04	12.72
7	4 - 07 - 0274	大麦（裸）	裸大麦，成熟 NY/T 2 级	87.0	13.0	2.1	2.0	67.7	2.2	10.0	2.2	0.04	0.39	0.21	2.68	11.21
8	4 - 07 - 0277	大麦（皮）	皮大麦，成熟，NY/T 1 级	87.0	11.0	1.7	4.8	67.1	2.4	18.4	6.8	0.09	0.33	0.17	2.70	11.30
9	4 - 07 - 0281	黑麦	籽粒，进口	88.0	11.0	1.5	2.2	71.5	1.8	12.3	4.6	0.05	0.30	0.11	2.69	11.25
10	4 - 07 - 0273	稻谷	成熟，晒干 NY/T 2 级	86.0	7.8	1.6	8.2	63.8	4.6	27.4	28.7	0.03	0.36	0.20	2.63	11.00
11	4 - 07 - 0276	糯米	良，成熟，未去米糠	87.0	8.8	2.0	0.7	74.2	1.3	—	—	0.03	0.35	0.15	3.36	14.06
12	4 - 07 - 0275	碎米	良，加工精米后的副产品	88.0	10.4	2.2	1.1	72.7	1.6	—	—	0.06	0.35	0.15	3.40	14.23
13	4 - 07 - 0479	粟（谷子）	合格，带壳，成熟	86.5	9.7	2.3	6.8	65.0	2.7	15.2	13.3	0.12	0.30	0.11	2.84	11.88

* 1Mcal =4.182MJ。

续上表

序号	中国饲料号（CFN）	饲料名称	饲料描述	干物质 DM/%	粗蛋白 CP/%	粗脂肪 EE/%	粗纤维 CF/%	无氮浸出物 NFE /%	粗灰分 Ash /%	中洗纤维 NDF /%	酸洗纤维 ADF /%	w_{Ca} /%	w_{P} /%	非植酸磷 N-Phy-P /%	鸡代谢能 ME	
															Mcal/kg	MJ/kg
14	4-04-0067	木薯干	木薯干片，晒干 NY/T 合格	87.0	2.5	0.7	2.5	79.4	1.9	8.4	6.4	0.27	0.09	—	2.96	12.38
15	4-04-0068	甘薯干	甘薯干片，晒干 NY/T 合格	87.0	4.0	0.8	2.8	76.4	3.0	—	—	0.19	0.02	—	2.34	9.79
16	4-08-0104	次粉	黑面，黄粉，下面 NY/T 1 级	88.0	15.4	2.2	1.5	67.1	1.5	18.7	4.3	0.08	0.48	0.14	3.05	12.76
17	4-08-0105	次粉	黑面，黄粉，下面 NY/T 2 级	87.0	13.6	2.1	2.8	66.7	1.8	—	—	0.08	0.48	0.14	2.99	12.51
18	4-08-0069	小麦麸	传统制粉工艺 NY/T 1 级	87.0	15.7	3.9	8.9	53.6	4.9	42.1	13.0	0.11	0.92	0.24	1.63	6.82
19	4-08-0070	小麦麸	传统制粉工艺 NY/T 2 级	87.0	14.3	4.0	6.8	57.1	4.8	—	—	0.10	0.93	0.24	1.62	6.78
20	4-08-0041	米糠	新鲜，不脱脂 NY/T 2 级	87.0	12.8	16.5	5.7	44.5	7.5	22.9	13.4	0.07	1.43	0.10	2.68	11.21
21	4-10-0025	米糠饼	未脱脂，机榨 NY/T 1 级	88.0	14.7	9.0	7.4	48.2	8.7	27.7	11.6	0.14	1.69	0.22	2.43	10.17
22	4-10-0018	米糠粕	浸提或预压浸提，NY/T 1 级	87.0	15.1	2.0	7.5	53.6	8.8	—	—	0.15	1.82	0.24	1.98	8.28
23	5-09-0127	大豆	黄大豆，成熟，NY/T 2 级	87.0	35.5	17.3	4.3	25.7	4.2	7.9	7.3	0.27	0.48	0.30	3.24	13.56
24	5-09-0128	全脂大豆	湿法膨化，生大豆为 NY/T 2 级	88.0	35.5	18.7	4.6	25.2	4.0	—	—	0.32	0.40	0.25	3.75	15.69
25	5-10-0241	大豆饼	机榨 NY/T 2 级	89.0	41.8	5.8	4.8	30.7	5.9	18.1	15.5	0.31	0.50	0.25	2.52	10.54
26	5-10-0103	大豆粕	去皮，浸提或预压浸提，NY/T 1 级	89.0	47.9	1.0	4.0	31.2	4.9	8.8	5.3	0.34	0.65	0.19	2.40	10.04
27	5-10-0102	大豆粕	浸提或预压浸提，NY/T 2 级	89.0	44.0	1.9	5.2	31.8	6.1	13.6	9.6	0.33	0.62	0.18	2.35	9.83

续上表

序号	中国饲料号（CFN）	饲料名称	饲料描述	干物质 DM/%	粗蛋白 CP/%	粗脂肪 EE/%	粗纤维 CF/%	无氮浸出物 NFE /%	粗灰分 Ash /%	中洗纤维 NDF /%	酸洗纤维 ADF /%	w_{Ca} /%	w_{P} /%	非植酸磷 N-Phy-P /%	鸡代谢能 ME	
															Mcal/kg	MJ/kg
28	5－10－0118	棉籽饼	机榨 NY/T 2 级	88.0	36.3	7.4	12.5	26.1	5.7	32.1	22.9	0.21	0.83	0.28	2.16	9.04
29	5－10－0119	棉籽粕	浸提或预压浸提，NY/T 1 级	90.0	47.0	0.5	10.2	26.3	6.0	—	—	0.25	1.10	0.38	1.86	7.78
30	5－10－0117	棉籽粕	浸提或预压浸提，NY/T 2 级	90.0	43.5	0.5	10.5	28.9	6.6	28.4	19.4	0.28	1.04	0.36	2.03	8.49
31	5－10－0183	菜籽饼	机榨 NY/T 2 级	88.0	35.7	7.4	11.4	26.3	7.2	33.3	26.0	0.59	0.96	0.33	1.95	8.16
32	5－10－0121	菜籽粕	浸提或预压浸提，NY/T 2 级	88.0	38.6	1.4	11.8	28.9	7.3	20.7	16.8	0.65	1.02	0.35	1.77	7.41
33	5－10－0116	花生仁饼	机榨 NY/T 2 级	88.0	44.7	7.2	5.9	25.1	5.1	14.0	8.7	0.25	0.53	0.31	2.78	11.63
34	5－10－0115	花生仁粕	浸提或预压浸提，NY/T 2 级	88.0	47.8	1.4	6.2	27.2	5.4	15.5	11.7	0.27	0.56	0.33	2.60	10.88
35	5－10－0031	向日葵仁饼	壳仁比为 35∶65 NY/T 3 级	88.0	29.0	2.9	20.4	31.0	4.7	41.4	29.6	0.24	0.87	0.13	1.59	6.65
36	5－10－0242	向日葵仁粕	壳仁比为 16∶84 NY/T 2 级	88.0	36.5	1.0	10.5	34.4	5.6	14.9	13.6	0.27	1.13	0.17	2.32	9.71
37	5－10－0243	向日葵仁粕	壳仁比为 24∶76 NY/T 2 级	88.0	33.6	1.0	14.8	38.8	5.3	32.8	23.5	0.26	1.03	0.16	2.03	8.49
38	5－10－0119	亚麻仁饼	机榨 NY/T 2 级	88.0	32.2	7.8	7.8	34.0	6.2	29.7	27.1	0.39	0.88	0.38	2.34	9.79
39	5－10－0120	亚麻仁粕	浸提或预压浸提，NY/T 2 级	88.0	34.8	1.8	8.2	36.6	6.6	21.6	14.4	0.42	0.95	0.42	1.90	7.95
40	5－10－0246	芝麻饼	机榨，CP40%	92.0	39.2	10.3	7.2	24.9	10.4	18.0	13.2	2.24	1.19	0.00	2.14	8.95
41	5－11－0001	玉米蛋白粉	玉米去胚芽，淀粉后的面筋部分 CP60%	90.1	63.5	5.4	1.0	19.2	1.0	8.7	4.6	0.07	0.44	0.17	3.88	16.23
42	5－11－0002	玉米蛋白粉	同上，中等蛋白产品，CP50%	91.2	51.3	7.8	2.1	28.0	2.0	—	—	0.06	0.42	0.16	3.41	14.27

续上表

序号	中国饲料号（CFN）	饲料名称	饲料描述	干物质 DM/%	粗蛋白 CP/%	粗脂肪 EE/%	粗纤维 CF/%	无氮浸出物 NFE /%	粗灰分 Ash /%	中洗纤维 NDF /%	酸洗纤维 ADF /%	w_{Ca} /%	w_{P} /%	非植酸磷 N-Phy-P /%	鸡代谢能 ME Mcal/kg	鸡代谢能 ME MJ/kg
43	5-11-0008	玉米蛋白粉	同上，中等蛋白产品，CP40%	89.9	44.3	6.0	1.6	37.1	0.9	—	—	—	—	—	3.18	13.31
44	5-11-0003	玉米蛋白饲料	玉米去胚芽去淀粉后的含皮残渣	88.0	19.3	7.5	7.8	48.0	5.4	33.6	10.5	0.15	0.70	—	2.02	8.45
45	4-10-0026	玉米胚芽饼	玉米湿磨后的胚芽，机榨	90.0	16.7	9.6	6.3	50.8	6.6	—	—	0.04	1.45	—	2.24	9.37
46	4-10-0244	玉米胚芽粕	玉米湿磨后的胚芽，机榨	90.0	20.8	2.0	6.5	54.8	5.9	—	—	0.06	1.23	—	2.07	8.66
47	5-11-0007	DDGS	玉米啤酒糟及可溶物，脱水	90.0	28.3	13.7	7.1	36.8	4.1	—	—	0.20	0.74	0.42	2.20	9.20
48	5-11-0009	蚕豆粉浆蛋白粉	蚕豆去皮制粉丝后的浆液，脱水	88.0	66.3	4.7	4.1	10.3	2.6	—	—	—	0.59	—	3.47	14.52
49	5-11-0004	麦芽根	大麦芽副产品，干燥	89.7	28.3	1.4	12.5	41.4	6.1	—	—	0.22	0.73	—	1.41	5.90
50	5-13-0044	鱼粉（CP64.5%）	7样平均值	90.0	64.5	5.6	0.5	8.0	11.4	—	—	3.81	2.83	2.83	2.96	12.38
51	5-13-0045	鱼粉（CP62.5%）	8样平均值	90.0	62.5	4.0	0.5	10.0	12.3	—	—	3.96	3.05	3.05	2.91	12.18
52	5-13-0046	鱼粉（CP60.2%）	沿海产的海鱼粉，脱脂，12样平均值	90.0	60.2	4.9	0.5	11.6	12.8	—	—	4.04	2.90	2.90	2.82	11.80
53	5-13-0077	鱼粉（CP53.5%）	沿海产的海鱼粉，脱脂，11样平均值	90.0	53.5	10.0	0.8	4.9	20.8	—	—	5.88	3.20	3.20	2.90	12.13
54	5-13-0036	血粉	鲜猪血 喷雾干燥	88.0	82.8	0.4	0.0	1.6	3.2	—	—	0.29	0.31	0.31	2.46	10.29
55	5-13-0037	羽毛粉	纯净羽毛，水解	88.0	77.9	2.2	0.7	1.4	5.8	—	—	0.20	0.68	0.68	2.73	11.42
56	5-13-0038	皮革粉	废牛皮，水解	88.0	74.7	0.8	1.6	—	10.9	—	—	4.40	0.15	0.15	—	—
57	5-13-0047	肉骨粉	屠宰下脚料，带骨干燥粉碎	93.0	50.0	8.5	2.8	—	31.7	32.5	5.6	9.20	4.70	4.70	2.38	9.96
58	5-13-0048	肉粉	脱脂	94.0	54.0	12.0	1.4	—	—	31.6	8.3	7.69	3.88	—	2.20	9.20

续上表

序号	中国饲料号（CFN）	饲料名称	饲料描述	干物质 DM/%	粗蛋白 CP/%	粗脂肪 EE/%	粗纤维 CF/%	无氮浸出物 NFE /%	粗灰分 Ash /%	中洗纤维 NDF /%	酸洗纤维 ADF /%	w_{Ca} /%	w_P /%	非植酸磷 N-Phy-P /%	鸡代谢能 ME	
															Mcal/kg	MJ/kg
59	1－05－0074	苜蓿草粉（CP19%）	一茬盛花期烘干 NY/T 1 级	87.0	19.1	2.3	22.7	35.3	7.6	36.7	25.0	1.40	0.51	0.51	0.97	4.06
60	1－05－0075	苜蓿草粉（CP17%）	一茬盛花期烘干 NY/T 2 级	87.0	17.2	2.6	25.6	33.3	8.3	39.0	28.6	1.52	0.22	0.22	0.87	3.64
61	1－05－0076	苜蓿草粉（CP14%～15%）	NY/T 3 级	87.0	14.3	2.1	29.8	33.8	10.1	36.8	2.9	1.34	0.19	0.19	0.84	3.51
62	5－11－0005	啤酒糟	大麦酿造副产品	88.0	24.3	5.3	13.4	40.8	4.2	39.4	24.6	0.32	0.42	0.14	2.37	9.92
63	7－15－0001	啤酒酵母	啤酒酵母菌粉，QB/T 1940—94	91.7	52.4	0.4	0.6	33.6	4.7	—	—	0.16	1.02	—	2.52	10.54
64	4－13－0075	乳清粉	乳清，脱水，低乳糖含量	94.0	12.0	0.7	0.0	71.6	9.7	—	—	0.87	0.79	0.79	2.73	11.42
65	5－01－0162	酪蛋白	脱水	91.0	88.7	0.8	—	—	—	—	—	0.63	1.01	0.82	4.13	17.28
66	5－14－0503	明胶		90.0	88.6	0.5	—	—	—	—	—	0.49	—	—	2.36	9.87
67	4－06－0076	牛奶乳糖	进口，含乳糖 80% 以上	96.0	4.0	0.5	0.0	83.5	8.0	—	—	0.52	0.62	0.62	2.69	11.25
68	4－06－0077	乳糖		96.0	0.3	—	—	95.7	—	—	—	—	—	—	—	—
69	4－06－0078	葡萄糖		90.0	0.3	—	—	89.7	—	—	—	—	—	—	3.08	12.89
70	4－06－0079	蔗糖		99.0	0.0	0.0	—	—	—	—	—	0.04	0.01	0.01	3.90	16.32
71	4－02－0889	玉米淀粉		99.0	0.3	0.2	—	—	—	—	—	0.00	0.03	0.01	3.16	13.22
72	4－07－0001	牛脂		99.0	0.3	≥98	0.0	—	—	—	—	0.00	0.00	0.00	7.78	32.55
73	4－07－0002	猪油		99.0	0.0	≥98	0.0	—	—	—	—	0.00	0.00	0.00	9.11	38.11
74	4－07－0003	家禽脂肪		99.0	0.0	≥98	0.0	—	—	—	—	0.00	0.00	0.00	9.36	39.16
75	4－07－0004	鱼油		99.0	0.0	≥98	0.0	—	—	—	—	0.00	0.00	0.00	8.45	35.35
76	4－07－0005	菜籽油		99.0	0.0	≥98	0.0	—	—	—	—	0.00	0.00	0.00	9.21	38.53
77	4－07－0006	椰子油		99.0	0.0	≥98	0.0	—	—	—	—	0.00	0.00	0.00	8.81	36.76

续上表

序号	中国饲料号（CFN）	饲料名称	饲料描述	干物质 DM/%	粗蛋白 CP/%	粗脂肪 EE/%	粗纤维 CF/%	无氮浸出物 NFE /%	粗灰分 Ash /%	中洗纤维 NDF /%	酸洗纤维 ADF /%	w_{Ca} /%	w_{P} /%	非植酸磷 N-Phy-P /%	鸡代谢能 ME	
															Mcal/kg	MJ/kg
78	4-07-0007	玉米油		100.0	0.0	≥99	0.0	—	—	—	—	0.00	0.00	0.00	9.66	40.42
79	4-17-0008	棉籽油		100.0	0.0	≥99	0.0	—	—	—	—	0.00	0.00	0.00	—	—
80	4-17-0009	棕榈油		100.0	0.0	≥99	0.0	—	—	—	—	0.00	0.00	0.00	5.80	24.27
81	4-17-0010	花生油		100.0	0.0	≥99	0.0	—	—	—	—	0.00	0.00	0.00	9.36	39.16
82	4-17-0011	芝麻油		100.0	0.0	≥99	0.0	—	—	—	—	0.00	0.00	0.00	—	—
83	4-17-0012	大豆油	粗制	100.0	0.0	≥99	0.0	—	—	—	—	0.00	0.00	0.00	8.37	35.02
84	4-17-0013	葵花油		100.0	0.0	≥99	0.0	—	—	—	—	0.00	0.00	0.00	9.66	40.42

附表 5-2　饲料中氨基酸含量

序号	中国饲料号（CFN）	饲料名称	干物质 DM/%	粗蛋白 CP/%	精氨酸 Arg/%	组氨酸 His/%	异亮氨酸 Ile/%	亮氨酸 Leu/%	赖氨酸 Lys/%	蛋氨酸 Met/%	胱氨酸 Cys/%	苯丙氨酸 Phe/%	酪氨酸 Tyr/%	苏氨酸 Thr/%	色氨酸 Trp/%	缬氨酸 Val/%
1	4-07-0278	玉米	86.0	9.4	0.38	0.23	0.26	1.03	0.26	0.19	0.22	0.43	0.34	0.31	0.08	0.40
2	4-07-0288	玉米	86.0	8.5	0.50	0.29	0.27	0.74	0.36	0.15	0.18	0.37	0.28	0.30	0.08	0.46
3	4-07-0279	玉米	86.0	8.7	0.39	0.21	0.25	0.93	0.24	0.18	0.20	0.41	0.33	0.30	0.07	0.38
4	4-07-0280	玉米	86.0	7.8	0.37	0.20	0.24	0.93	0.23	0.15	0.15	0.38	0.31	0.29	0.06	0.35
5	4-07-0272	高粱	86.0	9.0	0.33	0.18	0.35	1.08	0.18	0.17	0.12	0.45	0.32	0.26	0.08	0.44
6	4-07-0270	小麦	87.0	13.9	0.58	0.27	0.44	0.80	0.30	0.25	0.24	0.58	0.37	0.33	0.15	0.56
7	4-07-0274	大麦（裸）	87.0	13.0	0.64	0.16	0.43	0.87	0.44	0.14	0.25	0.68	0.40	0.43	0.16	0.63
8	4-07-0277	大麦（皮）	87.0	11.0	0.65	0.24	0.52	0.91	0.42	0.18	0.18	0.59	0.35	0.41	0.12	0.64
9	4-07-0281	黑麦	88.0	11.0	0.50	0.25	0.40	0.64	0.37	0.16	0.25	0.49	0.26	0.34	0.12	0.52
10	4-07-0273	稻谷	86.0	7.8	0.57	0.15	0.32	0.58	0.29	0.19	0.16	0.40	0.37	0.25	0.10	0.47
11	4-07-0276	糙米	87.0	8.8	0.65	0.17	0.30	0.61	0.32	0.20	0.14	0.35	0.31	0.28	0.12	0.49
12	4-07-0275	碎米	88.0	10.4	0.78	0.27	0.39	0.74	0.42	0.22	0.17	0.49	0.39	0.38	0.12	0.57
13	4-07-0479	粟（谷子）	86.5	9.7	0.30	0.20	0.36	1.15	0.15	0.25	0.20	0.49	0.26	0.35	0.17	0.42

续上表

序号	中国饲料号(CFN)	饲料名称	干物质DM/%	粗蛋白CP/%	精氨酸Arg/%	组氨酸His/%	异亮氨酸Ile/%	亮氨酸Leu/%	赖氨酸Lys/%	蛋氨酸Met/%	胱氨酸Cys/%	苯丙氨酸Phe/%	酪氨酸Tyr/%	苏氨酸Thr/%	色氨酸Trp/%	缬氨酸Val/%
14	4-04-0067	木薯干	87.0	2.5	0.40	0.05	0.11	0.15	0.13	0.05	0.04	0.10	0.04	0.10	0.03	0.13
15	4-04-0068	甘薯	87.0	4.0	0.16	0.08	0.17	0.26	0.16	0.06	0.08	0.19	0.13	0.18	0.05	0.27
16	4-08-0104	次粉	88.0	15.4	0.86	0.41	0.55	1.06	0.59	0.23	0.37	0.66	0.46	0.50	0.21	0.72
17	4-08-0105	次粉	87.0	13.6	0.85	0.33	0.48	0.98	0.52	0.16	0.33	0.63	0.45	0.50	0.18	0.68
18	4-08-0069	小麦麸	87.0	15.7	0.97	0.39	0.46	0.81	0.58	0.13	0.26	0.58	0.28	0.43	0.20	0.63
19	4-08-0070	小麦麸	87.0	14.3	0.88	0.35	0.42	0.74	0.53	0.12	0.24	0.53	0.25	0.39	0.18	0.57
20	4-08-0041	米糠	87.0	12.8	1.06	0.39	0.63	1.00	0.74	0.25	0.19	0.63	0.50	0.48	0.14	0.81
21	4-10-0025	米糠饼	88.0	14.7	1.19	0.43	0.72	1.06	0.66	0.26	0.30	0.76	0.51	0.53	0.15	0.99
22	4-10-0018	米糠粕	87.0	15.1	1.28	0.46	0.78	1.30	0.72	0.28	0.32	0.82	0.55	0.57	0.17	1.07
23	5-09-0127	大豆	87.0	35.5	2.57	0.59	1.28	2.72	2.20	0.56	0.70	1.42	0.64	1.41	0.45	1.50
24	5-09-0128	全脂大豆	88.0	35.5	2.63	0.63	1.32	2.68	2.37	0.55	0.76	1.39	0.67	1.42	0.49	1.53
25	5-10-0241	大豆饼	89.0	41.8	2.53	1.10	1.57	2.75	2.43	0.60	0.62	1.79	1.53	1.44	0.64	1.70
26	5-10-0103	大豆粕	89.0	47.9	3.67	1.36	2.05	3.74	2.87	0.67	0.73	2.52	1.69	1.93	0.69	2.15
27	5-10-0102	大豆粕	89.0	44.0	3.19	1.09	1.80	3.26	2.66	0.62	0.68	2.23	1.57	1.92	0.64	1.99
28	5-10-0118	棉籽饼	88.0	36.3	3.94	0.90	1.16	2.07	1.40	0.41	0.70	1.88	0.95	1.14	0.39	1.51
29	5-10-0119	棉籽粕	88.0	47.0	4.98	1.26	1.40	2.67	2.13	0.56	0.66	2.43	1.11	1.35	0.54	2.05
30	5-10-0117	棉籽粕	90.0	43.5	4.65	1.19	1.29	2.47	1.97	0.58	0.68	2.28	1.05	1.25	0.51	1.91
31	5-10-0183	菜籽饼	88.0	35.7	1.82	0.83	1.24	2.26	1.33	0.60	0.82	1.35	0.92	1.40	0.42	1.62
32	5-10-0121	菜籽粕	88.0	38.6	1.83	0.86	1.29	2.34	1.30	0.63	0.87	1.45	0.97	1.49	0.43	1.74
33	5-10-0116	花生仁饼	88.0	44.7	4.60	0.83	1.18	2.36	1.32	0.39	0.38	1.81	1.31	1.05	0.42	1.28
34	5-10-0115	花生仁粕	88.0	47.8	4.88	0.88	1.25	2.50	1.40	0.41	0.40	1.92	1.39	1.11	0.45	1.36
35	5-10-0031	向日葵仁饼	88.0	29.0	2.44	0.62	1.19	1.76	0.96	0.59	0.43	1.21	0.77	0.98	0.28	1.35
36	5-10-0242	向日葵仁粕	88.0	36.5	3.17	0.81	1.51	2.25	1.22	0.72	0.62	1.56	0.99	1.25	0.47	1.72
37	5-10-0243	向日葵仁粕	88.0	33.6	2.89	0.74	1.39	2.07	1.13	0.69	0.50	1.43	0.91	1.14	0.37	1.58

续上表

序号	中国饲料号（CFN）	饲料名称	干物质 DM/%	粗蛋白 CP/%	精氨酸 Arg/%	组氨酸 His/%	异亮氨酸 Ile/%	亮氨酸 Leu/%	赖氨酸 Lys/%	蛋氨酸 Met/%	胱氨酸 Cys/%	苯丙氨酸 Phe/%	酪氨酸 Tyr/%	苏氨酸 Thr/%	色氨酸 Trp/%	缬氨酸 Val/%
38	5-10-0119	亚麻仁饼	88.0	32.2	2.35	0.51	1.15	1.62	0.73	0.46	0.48	1.32	0.50	1.00	0.48	1.44
39	5-10-0120	亚麻仁粕	88.0	34.8	3.59	0.64	1.33	1.85	1.16	0.55	0.55	1.51	0.93	1.10	0.70	1.51
40	5-10-0246	芝麻饼	92.0	39.2	2.38	0.81	1.42	2.52	0.82	0.82	0.75	1.68	1.02	1.29	0.49	1.84
41	5-11-0001	玉米蛋白粉	90.1	63.5	1.90	1.18	2.85	11.59	0.97	1.42	0.96	4.10	3.19	2.08	0.36	2.98
42	5-11-0002	玉米蛋白粉	91.2	51.3	1.48	0.89	1.75	7.87	0.92	1.14	0.76	2.83	2.25	1.59	0.31	2.05
43	5-11-0008	玉米蛋白粉	89.9	44.3	1.31	0.78	1.63	7.08	0.71	1.04	0.65	2.61	2.03	1.38	—	1.84
44	5-11-0003	玉米蛋白饲料	88.0	19.3	0.77	0.56	0.62	1.82	0.63	0.29	0.33	0.70	0.50	0.68	0.14	0.93
45	4-10-0026	玉米胚芽饼	90.0	16.7	1.16	0.45	0.53	1.25	0.70	0.31	0.47	0.64	0.54	0.64	0.16	0.91
46	4-10-0244	玉米胚芽粕	90.0	20.8	1.51	0.62	0.77	1.54	0.75	0.21	0.28	0.93	0.66	0.68	0.18	1.66
47	5-11-0007	DDGS corn distiller's grains with	90.0	28.3	0.98	0.59	0.98	2.63	0.59	0.59	0.39	1.93	1.37	0.92	0.19	1.30
48	5-11-0009	蚕豆粉浆蛋白粉	88.0	66.3	5.96	1.66	2.90	5.88	4.44	0.60	0.57	3.34	2.21	2.31	—	3.20
49	5-11-0004	麦芽根	89.7	28.3	1.22	0.54	1.08	1.58	1.30	0.37	0.26	0.85	0.67	0.96	0.42	1.44
50	5-13-0044	鱼粉（CP64.5%）	90.0	64.5	3.91	1.75	2.68	4.99	5.22	1.71	0.58	2.71	2.13	2.87	0.78	3.25
51	5-13-0045	鱼粉（CP62.5%）	90.0	62.5	3.86	1.83	2.79	5.06	5.12	1.66	0.55	2.67	2.01	2.78	0.75	3.14
52	5-13-0046	鱼粉（CP60.2%）	90.0	60.2	3.57	1.71	2.68	4.80	4.72	1.64	0.52	2.35	1.96	2.57	0.70	3.17
53	5-13-0077	鱼粉（CP53.5%）	90.0	53.5	3.24	1.29	2.30	4.30	3.87	1.39	0.49	2.22	1.70	2.51	0.60	2.77
54	5-13-0036	血粉	88.0	82.8	2.99	4.40	0.75	8.38	6.67	0.74	0.98	5.23	2.55	2.86	1.11	6.08
55	5-13-0037	羽毛粉	88.0	77.9	5.30	0.58	4.21	6.78	1.65	0.59	2.93	3.57	1.79	3.51	0.40	6.05
56	5-13-0038	皮革粉	88.0	74.7	4.45	0.40	1.06	2.53	2.18	0.80	0.16	1.56	0.63	0.71	0.50	1.91
57	5-13-0047	肉骨粉	93.0	50.0	3.35	0.96	1.70	3.20	2.60	0.67	0.33	1.70	—	1.63	0.26	2.25
58	5-13-0048	肉粉	94.0	54.0	3.60	1.14	1.60	3.84	3.07	0.80	0.60	2.17	1.40	1.97	0.35	2.66
59	1-05-0074	苜蓿草粉（CP19%）	87.0	19.1	0.78	0.39	0.68	1.20	0.82	0.21	0.22	0.82	0.58	0.74	0.43	0.91
60	1-05-0075	苜蓿草粉（CP17%）	87.0	17.2	0.74	0.32	0.66	1.10	0.81	0.20	0.16	0.81	0.54	0.69	0.37	0.85

续上表

序号	中国饲料号（CFN）	饲料名称	干物质 DM/%	粗蛋白 CP/%	精氨酸 Arg/%	组氨酸 His/%	异亮氨酸 Ile/%	亮氨酸 Leu/%	赖氨酸 Lys/%	蛋氨酸 Met/%	胱氨酸 Cys/%	苯丙氨酸 Phe/%	酪氨酸 Tyr/%	苏氨酸 Thr/%	色氨酸 Trp/%	缬氨酸 Val/%
61	1－05－0076	苜蓿草粉（CP14% ～ 15%）	87.0	14.3	0.61	0.19	0.58	1.00	0.60	0.18	0.15	0.59	0.38	0.45	0.24	0.58
62	5－11－0005	啤酒糟	88.0	24.3	0.98	0.51	1.18	1.08	0.72	0.52	0.35	2.35	1.17	0.81	—	1.66
63	7－15－0001	啤酒酵母	91.7	52.4	2.67	1.11	2.85	4.76	3.38	0.83	0.50	4.07	0.12	2.33	2.08	3.40
64	4－13－0075	乳清粉	94.0	12.0	0.40	0.20	0.90	1.20	1.10	0.20	0.30	0.40	—	0.80	0.20	0.70
65	5－01－0162	酪蛋白	91.0	88.7	3.26	2.82	4.66	8.79	7.35	2.70	0.41	4.79	4.77	3.98	1.14	6.10
66	5－14－0503	明胶	90.0	88.6	6.60	0.66	1.42	2.91	3.62	0.76	0.12	1.74	0.43	1.82	0.05	2.26
67	4－06－0076	牛奶乳糖	96.0	4.0	0.29	0.10	0.10	0.18	0.16	0.03	0.04	0.10	0.02	0.10	0.10	0.10

注：“—”表示未测值。

附表 5－3　常用矿物质饲料中矿物元素的含量

序号	中国饲料号（CFN）	饲料名称	化学分子式	w_{Ca}/%	w_{P}/%	w_{Avp}/%	w_{Na}/%	w_{Cl}/%	w_{K}/%	w_{Mg}/%	w_{S}/%	w_{Fe}/%	w_{Mn}/%
01	6－14－0001	碳酸钙，饲料级轻质	$CaCO_3$	38.42	0.02	—	0.08	0.02	0.08	1.610	0.08	0.06	0.02
02	6－14－0002	磷酸氢钙，无水	$CaHPO_4$	29.60	22.77	95 ～ 100	0.18	0.47	0.15	0.800	0.80	0.79	0.14
03	6－14－0003	磷酸氢钙，2 个结晶水	$CaHPO_4 \cdot 2H_2O$	23.29	18.00	95 ～ 100	—	—	—	—	—	—	—
04	6－14－0004	磷酸二氢钙	$Ca(H_2PO_4)_2 \cdot H_2O$	15.90	24.58	100	0.20	—	0.16	0.900	0.80	0.75	0.01
05	6－14－0005	磷酸三钙（磷酸钙）	$Ca_3(PO_4)_2$	38.76	20.0	—	—	—	—	—	—	—	—
06	6－14－0006	石粉、石灰石、方解石等		35.84	0.01	—	0.06	0.02	0.11	2.060	0.04	0.35	0.02
07	6－14－0007	骨粉，脱脂		29.80	12.50	80 ～ 90	0.04	—	0.20	0.300	2.40	—	0.03
08	6－14－0008	贝壳粉		32 ～ 35	—	—	—	—	—	—	—	—	—
09	6－14－0009	蛋壳粉		30 ～ 40	0.1 ～ 0.4	—	—	—	—	—	—	—	—

续上表

序号	中国饲料号（CFN）	饲料名称	化学分子式	w_{Ca}/%	w_{P}/%	w_{Avp}/%	w_{Na}/%	w_{Cl}/%	w_{K}/%	w_{Mg}/%	w_{S}/%	w_{Fe}/%	w_{Mn}/%
10	6－14－0010	磷酸氢铵	$(NH_4)_2HPO_4$	0.35	23.48	100	0.20	—	0.16	0.750	1.50	0.41	0.01
11	6－14－0011	磷酸二氢铵	$(NH_4)H_2PO_4$	—	26.93	100	—	—	—	—	—	—	—
12	6－14－0012	磷酸氢二钠	Na_2HPO_4	0.09	21.82	100	31.04	—	—	—	—	—	—
13	6－14－0013	磷酸二氢钠	NaH_2PO_4	—	25.81	100	19.17	0.02	0.01	0.010	—	—	—
14	6－14－0014	碳酸钠	Na_2CO_3	—	—	—	43.30	—	—	—	—	—	—
15	6－14－0015	碳酸氢钠	$NaHCO_3$	0.01	—	—	27.00	—	0.01	—	—	—	—
16	6－14－0016	氯化钠	$NaCl$	0.30	—	—	39.50	59.00	—	0.005	0.20	0.01	—
17	6－14－0017	氯化镁	$MgCl_2 \cdot 6H_2O$	—	—	—	—	—	—	11.950	—	—	—
18	6－14－0018	碱式碳酸镁	$MgCO_3 \cdot Mg(OH)_2$	0.02	—	—	—	—	—	34.000	—	—	0.01
19	6－14－0019	氧化镁	MgO	1.69	—	—	—	—	0.02	55.000	0.10	1.06	—
20	6－14－0020	硫酸镁，7 个结晶水	$MgSO_4 \cdot 7H_2O$	0.02	—	—	—	0.01	—	9.860	13.01	—	—
21	6－14－0021	氯化钾	KCl	0.05	—	—	1.00	47.56	52.44	0.230	0.32	0.06	0.001
22	6－14－0022	硫酸钾	K_2SO_4	0.15	—	—	0.09	1.50	44.87	0.600	18.40	0.07	0.001

注：1. 数据来源于《中国饲料学》（2000，张子仪主编），《猪营养需要》（NRC，1998）。

2. 饲料中使用的矿物质添加剂一般不是化学纯化合物，其组成成分的重变异较大。如果能得到，一般应采用原料供给商的分析结果。例如，饲料级的磷酸氢钙原料中往往含有一些磷酸二氢钙，而磷酸二氢钙中含有一些磷酸氢钙。

3. 在大多数来源的磷酸氢钙、磷酸二氢钙、磷酸三钙、脱氟磷酸钙、碳酸钙、硫酸钙和方解石石粉中，估计钙的生物学利用率为 90% ～ 100%，在高镁含量的石粉或白云石石粉中钙的生物学效价较低，为 50% ～ 80%。

4. 生物学效价估计值通常以相当于磷酸氢钠或磷酸氢钙中的磷的生物学效价表示。

5. 大多数方解石石粉中含有 38% 或高于表中所示的钙和低于表中所示的镁。“—”示数据不祥。

附表 5－4　常用维生素类饲料添加剂产品有效成分含量

有效成分	产品名称	有效成分含量
维生素 A	维生素 A 醋酸酯 维生素 AD_3 粉 维生素 A 醋酸酯原料（油）	30 万 IU/g，40 万 IU/g 或 50 万 IU/g 50 万 IU/g 210 万 IU/g
维生素 D_3	维生素 D_3，Vitsmin D_3 维生素 AD_3 粉 维生素 D_3 原料（锭剂）	30 万 IU/g，40 万 IU/g 或 50 万 IU/g 10 万 IU/g 2000 万 IU/g
dl-α-生育酚	维生素 E 醋酸酯粉剂 维生素 E 醋酸酯油剂	50% 97%
维生素 K_3（甲萘醌）	亚硫酸氢钠甲萘醌（MSB）微囊 亚硫酸氢钠甲萘醌（MSB） 亚硫酸烟酰胺甲萘醌（MNB） 亚硫酸氢钠甲萘醌复合物（MSBC） 亚硫酸二甲嘧啶甲萘醌（MPB）	含甲萘醌 25% 含亚硫酸氢钠甲萘醌 94%，约含甲萘醌 50% 含甲萘醌不低于 43.7% 约含甲萘醌 33% 含亚硫酸二甲嘧啶甲萘醌 50%，约含甲萘醌 22.5%
硫胺素	硝酸硫胺 盐酸硫胺	含硝酸硫胺 98.0%，约含硫胺素 80.0% 含盐酸硫胺 98.5%，约含硫胺素 88.0%
核黄素	维生素 B_{12}	80% 或 96%
d－泛酸	D－泛酸钙 DL－泛酸钙	含 D－泛酸钙 98.0%，约含 d－泛酸 90.0%，相当于 D－泛酸钙生物活性的 50%
烟酸	烟酸 烟酰胺	99.0% 98.5%
维生素 B_6	盐酸吡哆醇	盐酸吡哆醇 98%，约含吡哆醇 80%
d－生物素	生物素	2% 或 98%
叶酸	叶酸	80% 或 95%
维生素 B_{12}	维生素 B_{12}	1%，5% 或 10%
胆碱	氯化胆碱粉剂 氯化胆酿液剂	含氯化胆碱 50% 或 60%，约含胆碱 37.3% 或 44.8% 含氯化胆碱 70% 或 75%，约含胆碱 52.2% 或 56.0%

附表 5－5 鸡日粮中矿物质元素的耐受量

元素	阶段	单位	耐受量
钙	产蛋期	%	4.0
	其他	%	1.2
磷	产蛋期	%	0.8
	其他	%	1.0
钠	产蛋期	%	0.8
	其他	%	1.0
铜		mg/kg	300
铁		mg/kg	500
锰		mg/kg	2000
锌		mg/kg	1000
碘		mg/kg	300
硒		mg/kg	2
氟		mg/kg	150 ～ 400

参考文献

[1] 陈代文. 动物营养与饲料学 [M]. 北京：中国农业出版社，2005.
[2] 陈静文，王润莲，贾汝敏，等. 动物饲养试验的关键环节及考核要素 [J]. 畜牧与饲料科学，2019 (09)：96－99.
[3] 刁其玉，国春艳，傅彤. 动物营养与饲料研究中的试验设计 [J]. 饲料博览，2005 (8)：20－22.
[4] 道明绪. 生物统计附试验设计 [M]. 北京：中国农业出版社，2002.
[5] 冯定远. 饲料加工及检测技术 [M]. 北京：中国农业出版社，2012.
[6] 冯仰廉. 反刍动物营养学 [M]. 北京：科学出版社，2004.
[7] 胡坚，张婉如，王振权. 动物饲养学 [M]. 长春：吉林科学技术出版社，1994.
[8] 兰云贤. 动物营养与饲料学实验技能教程 [M]. 重庆：西南师范大学出版社，2014.
[9] 李德发. 现代饲料生产 [M]. 北京：中国农业大学出版社，1997.
[10] 林英庭. 关于饲养试验若干问题的探讨与商榷 [J]. 中国猪业，2012 (12)：56－59.
[11] 林英庭. 肉羊全混合日粮配方设计方法 [J]. 养殖与饲料，2014 (01)：35－37.
[12] 王成章，王恬. 饲料学实验指导 [M]. 北京：中国农业出版社，2006.
[13] 王宏，霍启光，齐广海. 饲养试验的统计学评估及我国畜禽饲养试验现状与展望 [J]. 中国畜牧杂志，1997 (1)：53－55.
[14] 袁缨. 动物营养学实验教程 [M]. 北京：中国农业大学出版社，2006.
[15] 张丽英. 饲料分析及饲料质量检测技术 [M]. 3 版. 北京：中国农业出版社，2007.
[16] 张海棠等. 饲料质检技术 [M]. 北京：中国农业科学技术出版社，2008.
[17] 中国标准出版社. 饲料工业标准汇编 [M]. 6 版. 北京：中国标准出版社，2019.
[18] 朱燕等. 饲料品质检验 [M]. 北京：化学工业出版社，2003.
[19] Vedenov D, Pesti G M. A comparison of methods of fitting several models to nutritional response data [J]. Journal of Animal Science, 2008, 6: 500－507.
[20] Wang R, Alhotan R A, Billard L, Pesti G M. A comparison of equations to depict and predict nutritional kinetics in fast-growing broiler chickens [J]. Journal of Applied Poultry Research, 2019, 28 (1): 124－135.